玉川百科 こども博物誌 小原 芳明 監修

動物のくらし

高槻 成紀 編　浅野 文彦 絵

JN169194

玉川大学出版部

監修にあたって

玉川学園の創立者である小原國芳は、１９２３年にイデア書院から教育書、哲学書、芸術書、道徳書、宗教書などとともに児童書を出版し、１９３２年には日本初となるこどものための百科辞典「児童百科大辞典」（全30巻、～37年）を刊行しました。その特徴は、五十音順ではなく、分野別による編纂でした。

イデア書院の流れを汲む玉川大学出版部は、その後「学習大辞典」（全32巻、１９４７～51年）、「玉川児童百科大辞典」（全30巻、１９５０～53年）、「玉川こども百科」（全１００巻、１９５１～60年）、「玉川百科大辞典」（全31巻、１９５８～63年）、「玉川児童百科大辞典」（全21巻、１９６７～68年）、「玉川新百科」（全10巻、１９７０～71年）、そして「玉川こども・きょういく百科」（全31巻、１９７９年）を世に送り出しました。

インターネットが一般家庭にも普及したこの時代、こどもたちも手軽に情報検索ができます。学校の調べ学習にインターネットは大きく貢献していますが、この「玉川百科　こども博物誌」はこどもたちが調べるだけでなく、自分で読んで考えるきっかけとなるものを目指しています。自分で得た知識や情報を主体的に探究する、これからのアクティブ・ラーニングに役立つでしょう。

教育は学校のみではなく、家庭でも行うものです。このシリーズを読んで「本物」にふれる一歩としてください。

玉川学園創立90周年記念出版となる「玉川百科　こども博物誌」が、親子一緒となって活用されることを願っています。

小原芳明

はじめに

あなたのまわりには、どんな野生動物《やせいどうぶつ》がいますか。野生動物《やせいどうぶつ》というのは、人《ひと》から食《た》べものや、すむ場所《ばしょ》をもらったりせず、自分《じぶん》の力《ちから》で生《い》きている動物《どうぶつ》たちのことです。

この本《ほん》は、日本《にほん》にいる野生動物《やせいどうぶつ》について書《か》いてあります。たとえば、メダカ（魚類《ぎょるい》）、ヒキガエル（両生類《りょうせいるい》）、アオダイショウ（は虫類《ちゅうるい》）、ツバメ（鳥類《ちょうるい》）、タヌキ（ほ乳類《にゅうるい》）などです。できるだけ身近《みぢか》な動物《どうぶつ》をえらんだので、実際《じっさい》にであったことがある動物《どうぶつ》もいるかもしれません。

毎日《まいにち》の生活《せいかつ》のなかで、なにげなく見《み》ている野生動物《やせいどうぶつ》たちは、どんなところにすみ、なにを食《た》べ、どうやってこどもをそだてているのでしょう。日本国内《にほんこくない》にとどまらず、移動《いどう》しながらくらす動物《どうぶつ》もいます。これらの動物《どうぶつ》のくらしぶりをくわしく調《しら》べてみると、きびしい自然《しぜん》のなかで生《い》きぬくためのひみつがたくさんあることがわかります。

この本《ほん》に登場《とうじょう》する動物《どうぶつ》たちは、わたしたちといっしょに日本《にほん》にすんでいるなかまです。その生活《せいかつ》をくわしく知《し》ることで、野生動物《やせいどうぶつ》に興味《きょうみ》をもってくれたらうれしく思《おも》います。

高槻成紀《たかつきせいき》

おとなのみなさんへ

たくさんの動物図鑑があります。そこにはたくさんの動物がずらりと並んでおり、分布や特徴が書いてあります。ことばでいえば辞書のようなもので、とても便利です。しかし、ことばが定義だけで表現できないものがあり、またほかのことばと組み合わされて深い意味をもつように、動物は名前や特徴を覚えるだけでなく、その生活を知ることで、はじめてそのすばらしさ、意味の深さを知ることができます。そのためには、ひとつの動物をとりあげて、その生活をていねいに説明しなければなりません。この図鑑はたくさんの動物を網羅的に並べるのではなく、代表的な動物を選んで、その生活をていねいに説明することで、動物のことを深く理解してもらうことを目指しました。そのために次のような工夫をしました。

ひとつは日本の野生動物をとりあげたということです。動物といえばイヌやネコのペットを考える人がいますが、ペットは人が品種改良した動物で、特殊なものです。また動物といえば動物園のゾウやライオンを考える人も多いはずです。しかしこの本では日本の動物を紹介することにしました。これを読むこどもたちが「もしかしたら出会えるかもしれない」という期待をもつことで、大きな興味をもつと考えたからです。また、動物の生活を「食べもの」「くらす場所」「動く」「子そだて」という4項目をたて、そのなかに数ある動物のなかで15種を厳選しました。たとえばシカ、サル、タヌキ、リス、ツバメ、カッコウ、ヒキガエル、イモリ、メダカ、アユなどが登場します。シカは「食べもの」の章に登場しますが、もちろん草食獣の代表としてとりあげ、四季の生活を読みながら、消化器官や消化生理について学べるようになっています。あるいはサルは「子そだて」の章で登場し、サルの母親の子そだてと子ザルの成長を通じて哺乳類の育児を学びます。

こうしてかぎられた動物ですが、ひとつひとつの生活をじっくり学ぶことで、おのずとそのほかの動物のことも理解できるようになります。さいわい、この図鑑を書いた著者はそれぞれの動物の専門家で、その動物の生活のことを深く理解している人たちです。その知識をやさしいことばで表現し、すぐれた画家によるすばらしい絵により、こどもたちの理解が進むよう配慮されています。

この本を読んだこどもたちは、動物の生活について学ぶことのよろこびを知り、想像力を働かせて日本の野生動物に出会うことに胸をふくらませることでしょう。

高槻成紀

「動物《どうぶつ》のくらし」もくじ

ようこそ、日本《にほん》の野生《やせい》動物《どうぶつ》たちの世界《せかい》へ

この本《ほん》は「おはなし」「ちょっとくわしい解説《かいせつ》」「野生《やせい》の生《い》きものたちのふしぎがわかる」の3つのページにわかれています。

おはなしのページ

動物《どうぶつ》たちのくらしを、季節《きせつ》ごとにそれぞれ見《み》てみましょう。
タヌキは、どんなふうにくらしているのでしょう？

ちょっとくわしい解説《かいせつ》のページ

それぞれの動物《どうぶつ》のとくちょうをとりあげて説明《せつめい》します。
リスはどうやってクルミを食《た》べるのか、人間《にんげん》の歯《は》とどこがちがうのでしょう？

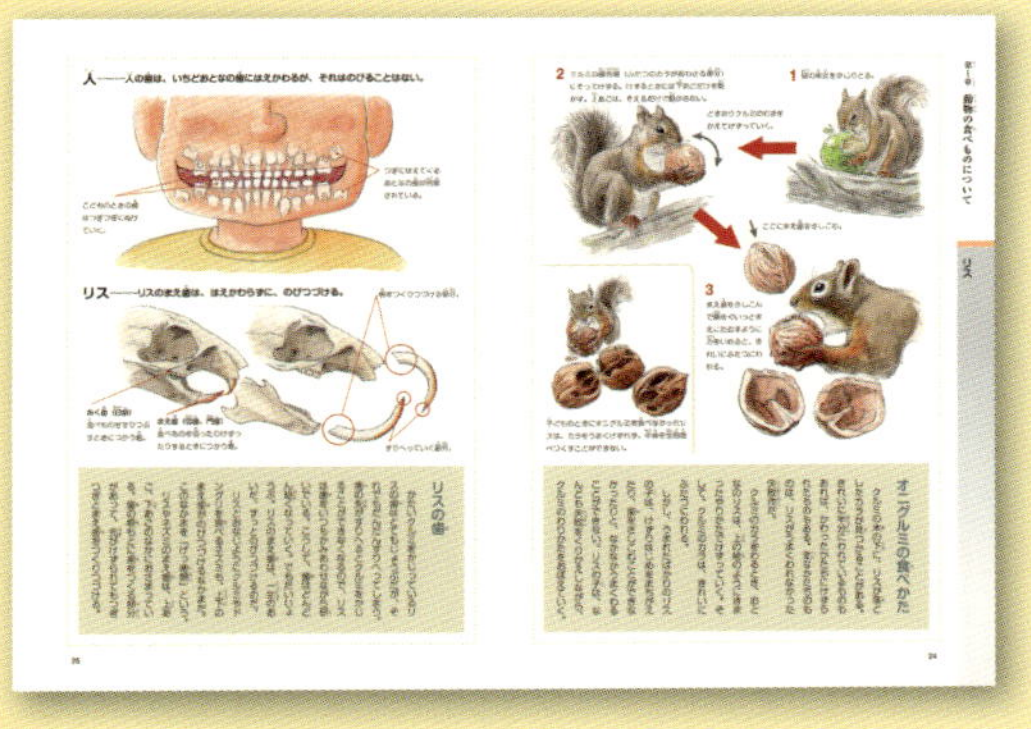

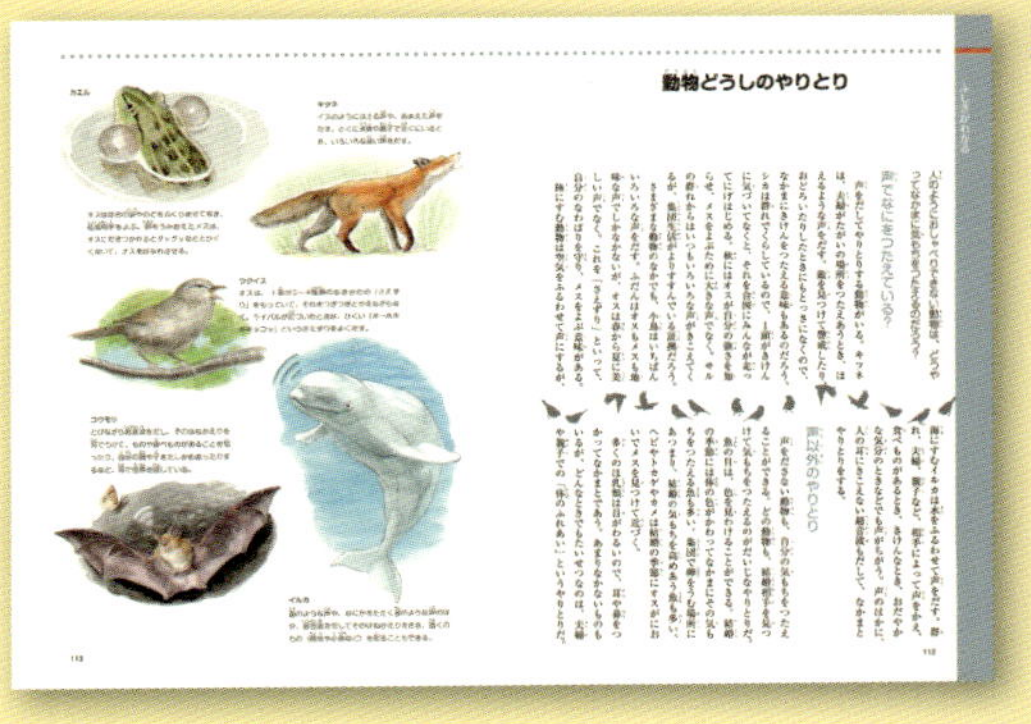

野生《やせい》の生《い》きものたちのふしぎがわかるページ

動物《どうぶつ》は、どうやってなかまに気《き》もちをつたえるのでしょう？

いってみよう！

動物《どうぶつ》たちにあいたくなったら、ここを見《み》てください。全国《ぜんこく》の施設《しせつ》を紹介《しょうかい》しています。

読《よ》んでみよう！

動物《どうぶつ》たちのことを、もっと知《し》りたくなったら、この読書《どくしょ》ガイドを見《み》てください。

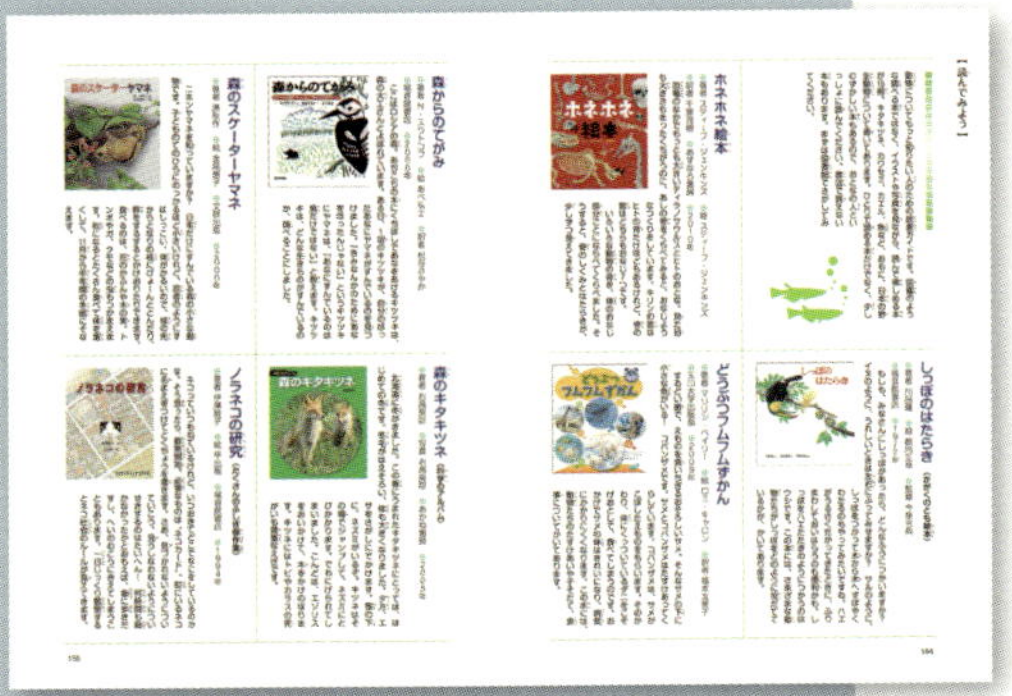

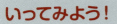

第《だい》1章《しょう》

動物《どうぶつ》の食《た》べものについて

この章《しょう》に登場《とうじょう》する動物《どうぶつ》

タヌキ　リス　シカ　アユ　アオダイショウ　シジュウカラ

動物《どうぶつ》は、いつでも食《た》べものをさがしている。
草《くさ》を食《た》べるシカにとっては、食《た》べものはいつもたくさんあるが、
クマにとっては、秋《あき》の実《み》がなるとき以外《いがい》は食《た》べものがとぼしい。
赤《あか》や黄色《きいろ》の木《き》の実《み》はサルや小鳥《ことり》が食《た》べるし、
ドングリはリス、クマ、カケスなどが食《た》べる。
水《みず》のなかの魚《さかな》やサンショウウオなどは、目《め》に見《み》えないような小《ちい》さな動植物《どうしょくぶつ》を食《た》べる。
動物《どうぶつ》によって食《た》べるものはさまざまだ。
小鳥《ことり》をねらうキツネや、カエルなどを食《た》べるヘビは、
気《き》づかれないようにそっと近《ちか》づいていき、
すきがあるとすばやくおそいかかって、するどい歯《は》でえものをとらえる。
この章《しょう》では、さまざまな動物《どうぶつ》の生活《せいかつ》を、食《た》べものをとおしてながめていく。

春《はる》　雑木林《ぞうきばやし》

林《はやし》のなかを、1匹《ぴき》のタヌキが歩《ある》いている。いつもの歩《ある》きなれている道《みち》らしく、少《すこ》しいそぎあしだ。

タヌキが急《きゅう》にたちどまった。首《くび》をのばすと、地面《じめん》に鼻《はな》をつけて、においをかいでいる。しばらくクンクンと鼻《はな》をならしていたが、こんどはまえあしで地面《じめん》をかいた。そこには大《おお》きめのイモムシがいた。コガネムシのなかまの幼虫《ようちゅう》だ。

幼虫《ようちゅう》には土《つち》がついているが、タヌキはかまわずかみついた。そして、むしゃむしゃとかみくだくとのみこんだ。それから、思《おも》いだしたようにまた歩《ある》きはじめた。

しばらく歩《ある》いてから、古《ふる》い木《き》がたおれてできたもののかげにすわりこんだ。ここをねぐらにしているらしい。

夏《なつ》　モミジイチゴ

その雑木林《ぞうきばやし》は、ある小《ちい》さな町《まち》のはずれにある。初夏《しょか》のある日《ひ》、タヌキはいつものように林《はやし》のなかを歩《ある》いた。トコトコと歩《ある》いて雑木林《ぞうきばやし》をぬけると、草《くさ》や背《せ》のひくい木《き》がたくさんはえている明《あか》るい場所《ばしょ》にでた。暗《くら》くてあしもとの植物《しょくぶつ》が少《すく》ない林《はやし》のなかとちがって、急《きゅう》に歩《ある》きにくくなる。でも、タヌキがいつも歩《ある》く道《みち》はトンネルのようになっていて、わりあい歩《ある》きやすい。

タヌキは、地面《じめん》に鼻《はな》を近《ちか》づけてクンクンしはじめた。そこには黄《き》色《いろ》い実《み》が落《お》ちている。モミジイチゴの実《み》で、みずみずしくてあまみがある。見《み》あげると、枝《えだ》にはまだモミジイチゴがたくさんなっていて、光《ひかり》があたってきれいにかがやいている。

草食動物《そうしょくどうぶつ》

肉食動物《にくしょくどうぶつ》

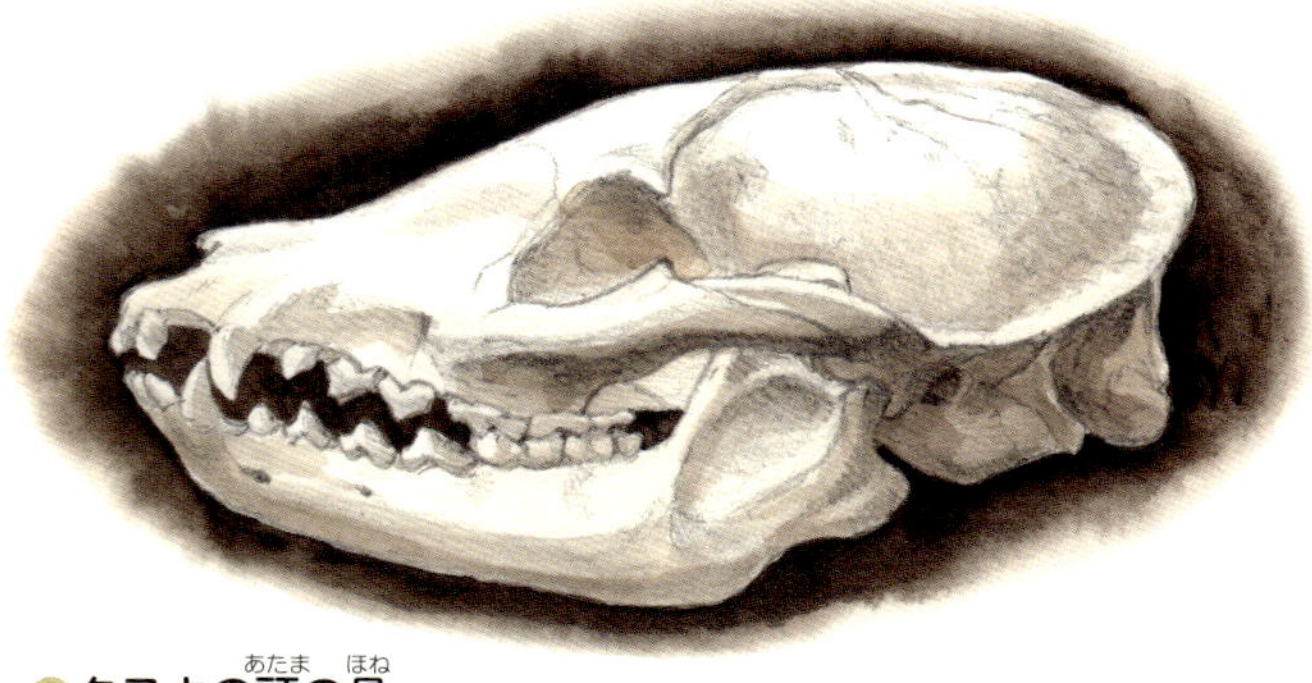

タヌキの頭《あたま》の骨《ほね》

タヌキは、中型《ちゅうがた》のイヌくらいの大《おお》きさで、数匹《すうひき》がいっしょにくらしている。体《からだ》の色《いろ》はうす茶色《ちゃいろ》で、目《め》のまわりや肩《かた》、あしは黒《くろ》い。おもに夜《よる》に行動《こうどう》する。

肉《にく》食《しょく》と草《そう》食《しょく》

タヌキは、キツネやオオカミとおなじくイヌのなかまだ。まとめて「イヌ科《か》」とよばれる。イヌ科《か》の動物《どうぶつ》は、とても鼻《はな》がいい。

　また、イヌやネコは「食肉目《しょくにくもく》」というなかまにまとめられる。これは「肉《にく》を食《た》べるなかまたち」という意味《いみ》だ。ここでいう「肉《にく》」は動物《どうぶつ》のことで、魚《さかな》でもトカゲでも昆虫《こんちゅう》でも、動物《どうぶつ》を食《た》べればみんな肉食《にくしょく》ということになる。

　肉食動物《にくしょくどうぶつ》は、目《め》も、耳《みみ》も、鼻《はな》もよく、それらをつかって動物《どうぶつ》を見《み》つける。そして、動物《どうぶつ》をつかまえると、先《さき》のとがったするどい歯《は》でかみ切《き》って食《た》べる。

　肉食《にくしょく》にたいして、植物《しょくぶつ》を食《た》べることを「草食《そうしょく》」という。シカやウシ、ウマなどは、草食動物《そうしょくどうぶつ》だ。

いろいろな 木《き》や草《くさ》の実《み》

ヤマグワ
ガマズミ
クマ
クヌギ
ヒサカキ
リス
コナラ
ムラサキシキブ
ジャノヒゲ

ベリーとナッツ

　タヌキは食肉目《しょくにくもく》のなかまで、昆《こん》虫《ちゅう》などの動物《どうぶつ》を食《た》べるが、植物《しょくぶつ》の実《み》もたくさん食《た》べる。食《た》べものになる動物《どうぶつ》は野山《のやま》にあまりいないし、とろうとすればにげる。木《き》や草《くさ》の実《み》は、みのりの季節《きせつ》になればたくさんあるし、にげることもない。

　植物《しょくぶつ》がつくる実《み》にはいろいろあるが、タヌキが食《た》べるのは、おもにモミジイチゴなどのベリーだ。ベリーはみずみずしくて、糖分《とうぶん》という栄養《えいよう》をたくさんふくんでいる。

　そのほか、ドングリやクルミのようにかたいカラをもち、なかにでんぷんという栄養《えいよう》をたくさんふくむナッツもある。タヌキもナッツを食《た》べることはあるが、ナッツをこのむのは、なんといってもリスやクマ、それにサルたちだ。

サルナシの実《み》をわったところ。大《おお》きさは、おとなの人《ひと》さし指《ゆび》の先《さき》ぐらい。

ベリーのなかま

わたしたちは、リンゴやミカンを食《た》べる。リンゴやミカンもベリーのなかまだ。こういうくだものは人《ひと》のためにあるように思《おも》えるが、もともとは野山《のやま》にはえる植物《しょくぶつ》の実《み》で、鳥《とり》やほ乳類《にゅうるい》がよく食《た》べる。

植物《しょくぶつ》は、動物《どうぶつ》に食《た》べてもらうために、めだつ色《いろ》のベリーをつくり、いいにおいをさせて、動物《どうぶつ》をひきつける。野山《のやま》の緑《みどり》のなかにある赤《あか》や黄色《きいろ》はよくめだつし、鼻《はな》のよくきくほ乳類《にゅうるい》は、においにひきつけられてやってくる。

動物《どうぶつ》は、自分《じぶん》のためにベリーを食《た》べて栄養《えいよう》をとる。ベリーにはいっているタネは、おなかのなかを通《とお》ってうんちとして体《からだ》の外《そと》にだされる。タヌキも、知《し》らないうちにタネをはこんでいるのだ。

カエデのタネ
タンポポのタネ

タヌキのうんちから芽《め》をだした植物《しょくぶつ》。

くっつくタネ

キンミズヒキ
ダイコンソウ
アメリカセンダングサ
オオオナモミ

タネをひろげる

タヌキはきまったところにうんちをするので、うんちがたまっていく。これを「ためふん」という。ためふんをする場所《ばしょ》が林《はやし》のなかの暗《くら》いところだったら、植物《しょくぶつ》は芽《め》をだすことはできないが、明《あか》るいところだと、芽《め》をだすことができる。じっさいに、ためふんのあるところにいってよく観察《かんさつ》してみると、いろいろな植物《しょくぶつ》が芽《め》をだしているのを見《み》ることができる。

植物《しょくぶつ》は、自分《じぶん》では動《うご》くことができないので、いろいろな工夫《くふう》をする。ヘリコプターのように風《かぜ》でとぶものもあるし、ベリーのように動物《どうぶつ》にはこんでもらうものもある。

タヌキは、ただ実《み》を食《た》べているだけでなく、森《もり》の植物《しょくぶつ》の動《うご》きをてつだっている。

秋《あき》

秋《あき》になると、雑木林《ぞうきばやし》はにぎやかになる。木々《きぎ》は色《いろ》づいて黄色《きいろ》や茶《ちゃ》色《いろ》にかわり、とてもきれいだ。ドングリが落《お》ちたり、ベリーがなったりもする。

リスやネズミがやってきて、落《お》ちたドングリを口《くち》にくわえてはこんでいく。食《た》べものがとぼしくなる冬《ふゆ》にそなえて、地面《じめん》のあちこちにあなをほってたくわえておくのだ。

夏《なつ》のあいだはほっそりしていたタヌキも、秋《あき》にはだんだんふっくらとしてくる。秋《あき》の雑木林《ぞうきばやし》には、夏《なつ》よりもずっとたくさんのベリーがみのるからだ。秋《あき》がふかまると、おなかが地面《じめん》につきそうなほどまるまると太《ふと》るタヌキもいる。

冬《ふゆ》

雑木林《ぞうきばやし》にはナラの木《き》が多《おお》く、秋《あき》になると葉《は》が黄色《きいろ》く色《いろ》づく。12月《がつ》のはじめくらいまでは葉《は》がついているが、クリスマスがちかづくころになると、こがらしがふいて木《き》の葉《は》をふきとばす。なんどかのこがらしがふいて、しだいに木《き》の葉《は》が少《すく》なくなり、やがて地面《じめん》にかれ葉《は》がつもる。

冬《ふゆ》がふかまると、さむい日《ひ》がきて雪《ゆき》がふる。そうすると茶色《ちゃいろ》のかれ葉《は》がおおっていた林《はやし》の地面《じめん》がまっ白《しろ》になる。そういう日《ひ》のよく朝《あさ》、雑木林《ぞうきばやし》にはまるい点々《てんてん》がつづいている。タヌキのあしあとだ。

冬《ふゆ》はタヌキにとってもきびしい季節《きせつ》で、ネズミや鳥《とり》の死体《したい》、草《くさ》やタネなど少《すく》ない食糧《しょくりょう》を食《く》いつないで冬《ふゆ》をこす。

動物《どうぶつ》のなかまわけ

この本《ほん》でとりあげた動物《どうぶつ》は15種《しゅ》ある。そのうちわけは、魚類《ぎょるい》がメダカ、タナゴ、アユ、サクラマスの4種《しゅ》、両生類《りょうせいるい》がヒキガエルとイモリの2種《しゅ》、は虫類《ちゅうるい》がアオダイショウの1種《しゅ》だけ、鳥類《ちょうるい》がシジュウカラ、カッコウ、ツバメの3種《しゅ》、そしてほ乳類《にゅうるい》がモグラ、リス、タヌキ、サル、シカの5種《しゅ》だ。

魚類《ぎょるい》には海《うみ》にすむものと池《いけ》や川《かわ》にすむものがいる。手《て》あしはなく、ひれでおよぎ、肺《はい》はなくてえらで息《いき》をする。

両生類《りょうせいるい》というのは水《みず》と陸《りく》の両方《りょうほう》にすむ動物《どうぶつ》という意味《いみ》で、しっぽのあるサンショウウオなどのなかまと、しっぽのないカエルのなかまがいる。卵《たまご》は水《みず》のなかにうまれ、オタマジャクシは水《みず》のなかでそだつ。肺《はい》で息《いき》をする。

は虫類《ちゅうるい》はトカゲやヘビ、カメのなかまで、両《りょう》生類《せいるい》のように水《みず》のなかに卵《たまご》をうむのではなく、かたいカラのある卵《たまご》をうむ。体《からだ》の外《そと》がわにはうろこがある。トカゲとカメにはあしがあるが、ヘビにはあしがない。

鳥類《ちょうるい》には、はねがあり、かたいカラの卵《たまご》をうむ。魚類《ぎょるい》、両生類《りょうせいるい》、は虫類《ちゅうるい》はさむくなると体温《たいおん》がひくくなるが、鳥類《ちょうるい》は体温《たいおん》がかわらない。くちばしをもち、歯《は》はない。尿《にょう》とフンはおなじあなからだされる。多《おお》くの鳥《とり》はまえあしがつばさとなっていて、とぶことができる。ただし、ダチョウやキーウィのようにとべない鳥《とり》もいる。

ほ乳類《にゅうるい》とは「乳《ちち》をあたえる動物《どうぶつ》」という意味《いみ》で、このなかまは体《からだ》に毛《け》がはえており、母親《ははおや》がこどもを乳《ちち》でそだてる。卵《たまご》はうまないで、おなかのなかで赤《あか》んぼうがそだち、うまれてくる。肺《はい》で息《いき》をし、体温《たいおん》は一定《いってい》だ。多《おお》くは地上《ちじょう》を歩《ある》くが、サルやリス、ムササビのように木《き》の上《うえ》にくらすもの、モグラのように土《つち》のなかにくらすもの、コウモリのように空《そら》をとぶものもいる。日《に》本《ほん》のまわりの海《うみ》にはアザラシのなかまやイルカ、クジラもいる。これらのほ乳類《にゅうるい》はおよぐ生活《せいかつ》をする。

この本《ほん》にでてくる動物《どうぶつ》は、背中《せなか》に、はしらのような骨《ほね》をもっている。動物《どうぶつ》には、背骨《せぼね》のないものもいる。タコやイカ、貝《かい》のなかま、カニやエビ、昆虫《こんちゅう》など、たくさんの種類《しゅるい》がいる。

両生類《りょうせいるい》　ヒキガエル

ヒキガエルは林《はやし》などにすむが、卵《たまご》は水《みず》のなかにうみ、オタマジャクシは水《みず》のなかでくらす。

魚類《ぎょるい》　タナゴ

魚類《ぎょるい》は水《みず》のなかにすむ。海《うみ》にすむ魚《さかな》もいる。

鳥類《ちょうるい》　ツバメ

鳥類《ちょうるい》は、はねがはえており、とぶものが多《おお》い。くちばしをもち、歯《は》はない。

は虫類《ちゅうるい》　アオダイショウ

ヘビはあしがないが、ワニ、カメなどもおなじは虫類《ちゅうるい》だ。

ほ乳類《にゅうるい》　シカ

シカの子《こ》は6月《がつ》ごろうまれ、しばらくすると草《くさ》を食《た》べるようになる。ほ乳類《にゅうるい》は、お母《かあ》さんの体《からだ》のなかでこどもがそだち、うまれたあと乳《ちち》でそだてる。

ヒミズというモグラのなかまは、体重《たいじゅう》が数《すう》グラムだが、ヒグマは200キログラムもある。クジラもほ乳類《にゅうるい》のなかまだ。

夏《なつ》 早朝《そうちょう》の森《もり》で

カリカリ、カリカリという音《おと》が、早朝《そうちょう》の森《もり》にきこえる。鳥《とり》の声《こえ》やセミの音《おと》とはちがう、こすれるような音《おと》だ。高《たか》い木《き》の枝《えだ》からきこえるようだが、なんの音《おと》かわからない。

とつぜん、茶色《ちゃいろ》い木《き》のこぶに見《み》えていたもののかたちがかわり、音《おと》がとまった。よく見《み》ると、ふさふさの尾《お》を背中《せなか》にのせてまるくなっているニホンリスがいる。まえあしにもっていたクルミをクルリとまわして、もちかえるところだ。そしてまた、カリカリと、かじりはじめた。きこえたのは、ニホンリスがオニグルミのかたいカラをかじっている音《おと》だったのだ。

10分《ぶん》ほどすると、カチッという音《おと》がした。クルミが半分《はんぶん》にわれたようだ。

リスは、おわんのように半分《はんぶん》になったクルミのカラをふたつ上手《じょうず》に重《かさ》ね、まず上《うえ》のカラから中身《なかみ》を食《た》べはじめた。１分《ぷん》ほどで食《た》べおえると、上《うえ》のカラを落《お》とす。そして、もういっぽうのカラにとりかかる。それもさっさと食《た》べおえると、枝《えだ》から落《お》とした。

こんどはすばやく枝先《えださき》にいき、さかさまになりながら緑色《みどりいろ》のまるい実《み》を歯《は》でもぎとる。自分《じぶん》の顔《かお》ほどもある大《おお》きな実《み》をくわえて、さっきのところまでもどってくると、緑色《みどりいろ》の皮《かわ》を歯《は》ではがしていく。みるみるうちに、なかから茶色《ちゃいろ》のクルミがすがたをあらわし、またカリカリカリという音《おと》がはじまった。

この大木《たいぼく》はオニグルミの木《き》。リスは、枝先《えださき》にみのった実《み》をとってきては、太《ふと》い枝《えだ》の上《うえ》で時間《じかん》をかけてカラをわっていたのだ。

1 緑《みどり》の果皮《かひ》をかじりとる。

2 クルミの縫合線《ほうごうせん》（ふたつのカラがあわさる部分《ぶぶん》）にそってけずる。けずるときには下《した》あごだけを動《うご》かす。上《うわ》あごは、そえるだけで動《うご》かさない。

ときおりクルミのむきをかえてけずっていく。

ここにまえ歯《ば》をさしこむ。

3 まえ歯《ば》をさしこんで顔《かお》をぐいっとまえにたおすように力《ちから》をいれると、きれいにふたつにわれる。

こどものときにオニグルミを食《た》べなかったリスは、カラをうまくけずれず、中身《なかみ》を全部《ぜんぶ》食《た》べつくすことができない。

オニグルミの食《た》べかた

クルミの木《き》の下《した》に、リスが落《お》としたカラが見《み》つかることがある。きれいに半分《はんぶん》にわれているものもあれば、かわったかたちにけずられたものもある。変《へん》なかたちのものは、リスがうまくわれなかった失敗作《しっぱいさく》だ。

クルミのカラをわるとき、おとなのリスは、上《うえ》の絵《え》のようにきまったやりかたでけずっていく。そして、クルミのカラは、きれいにふたつにわれる。

しかし、うまれたばかりのリスの子《こ》は、けずりはじめをまちがえたり、歯《は》をさしこむことができなかったりと、なかなかうまくわることができない。リスの子《こ》は、なんども失敗《しっぱい》をくりかえしながら、クルミのわりかたをおぼえていく。

人《ひと》――人《ひと》の歯《は》は、いちどおとなの歯《は》にはえかわるが、それはのびることはない。

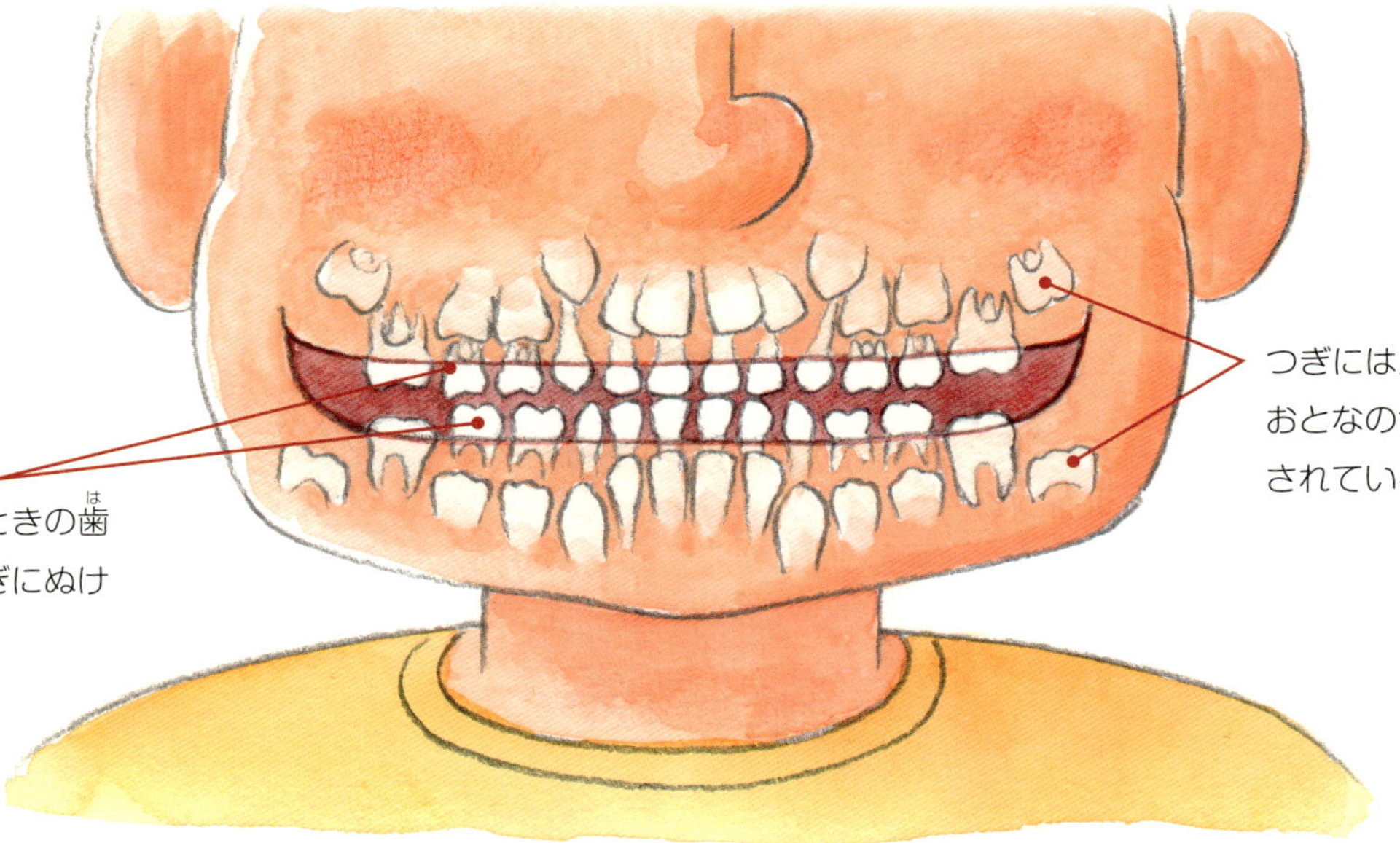
こどものときの歯《は》はつぎつぎにぬけていく。
つぎにはえてくるおとなの歯《は》が用意《ようい》されている。

リス――リスのまえ歯《ば》は、はえかわらずに、のびつづける。

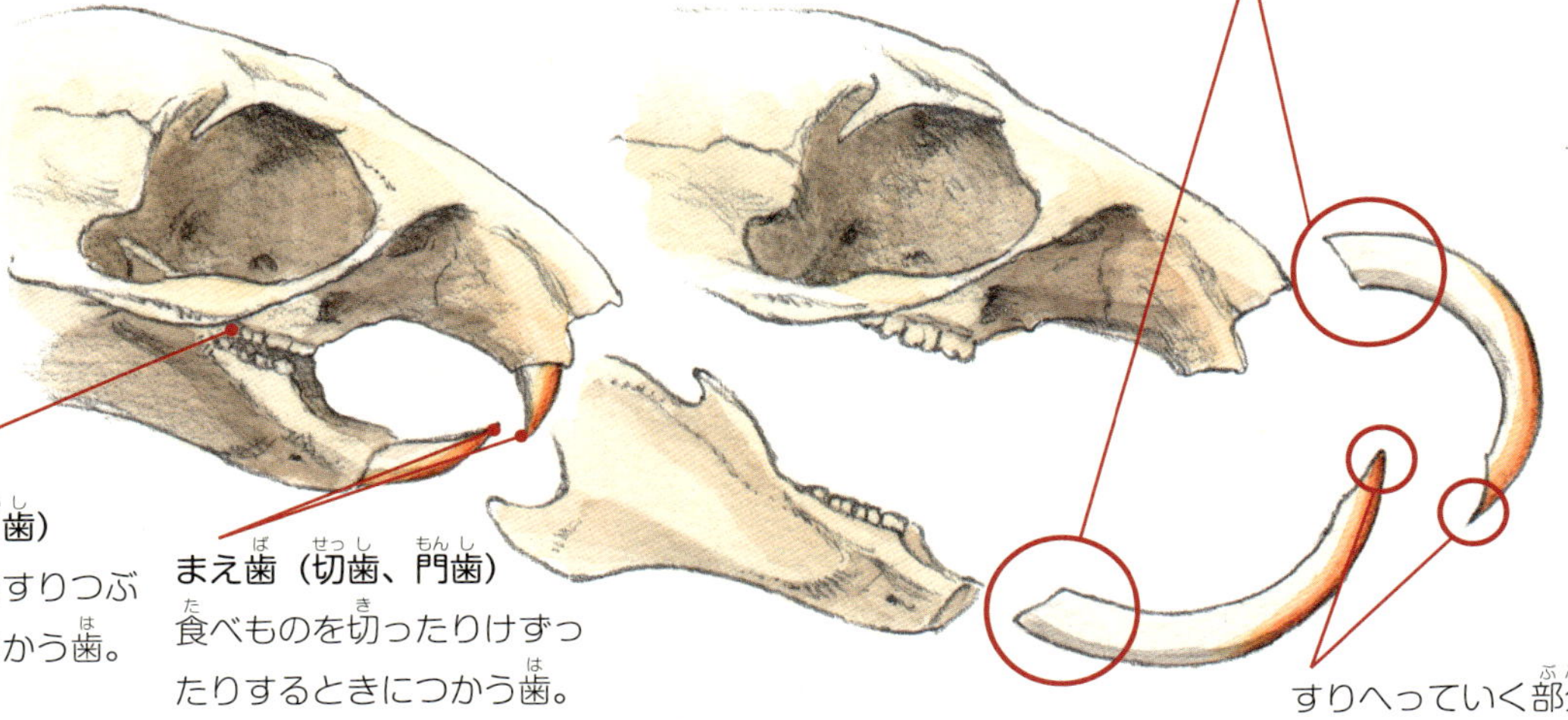
歯《は》をつくりつづける部分《ぶぶん》。
おく歯《ば》（臼歯《きゅうし》）
食《た》べものをすりつぶすときにつかう歯《は》。
まえ歯《ば》（切歯《せっし》、門歯《もんし》）
食《た》べものを切《き》ったりけずったりするときにつかう歯《は》。
すりへっていく部分《ぶぶん》。

リスの歯《は》

かたいクルミをかじっているリスの歯《は》はとてもじょうぶだが、それでもだんだんすりへってしまう。歯《は》の先《さき》がすりへるとクルミをかじることができなくなるので、リスは歯《は》をいつもかみあわせながら研《と》いでいる。こうして、歯《は》はどんどん短《みじか》くなっていく。でもだいじょうぶ。リスのまえ歯《ば》は、一生《いっしょう》のあいだ、ずっとのびつづけるのだ。

リスとおなじようにクルミやドングリを食《た》べるネズミも、上下《じょうげ》のまえ歯《ば》がのびつづけるなかまだ。このなかまを「げっ歯類《しるい》」という。

リスやネズミのまえ歯《ば》は、上《うわ》あご、下《した》あごのなかにおさまっている。歯《は》の根《ね》もとに歯《は》をつくる部分《ぶぶん》があって、先《さき》がけずられてもつぎつぎとまえ歯《ば》をつくりつづける。

枝《えだ》のあいだにクルミをかくしておくこともある。

とびうつる先《さき》をしっかり見《み》すえてジャンプする。

地上《ちじょう》はきけんがいっぱい。すばやく移動《いどう》して木《き》の上《うえ》にもどる。

クルミをくわえて、用心《ようじん》ぶかく地面《じめん》におりる。

落《お》ち葉《ば》をどかしてクルミをおしこみ、その上《うえ》にまた落《お》ち葉《ば》をかぶせて、クルミをかくす。

秋《あき》 クルミをかくす

秋《あき》、クルミの実《み》は茶色《ちゃいろ》くなって、まだ枝先《えださき》にのこっている。リスがそのうちの1個《こ》をくわえようとすると、いっしょについていたほかの実《み》がボトボトと地面《じめん》に落《お》ちた。

リスは、クルミをくわえるといつもの場所《ばしょ》で皮《かわ》をはずした。茶色《ちゃいろ》くなった皮《かわ》は、かんたんにはがれる。クルミをくわえて枝《えだ》をつたい、木《き》から木《き》へ。そこでさかさまになって下《した》へむかい、地面《じめん》におりる手《て》まえでとまった。用心《ようじん》ぶかくあたりの音《おと》をきいている。

しばらくすると、落《お》ち葉《ば》のつもった地面《じめん》におりる。カサッカサッとかろやかな音《おと》をたてて2、3回《かい》とぶと、落《お》ち葉《ば》をまえあしでどかす。くわえていたクルミをそこにおしこみ、また落《お》ち葉《ば》でかくした。

エゾシマリス

おもな食《た》べものは、ドングリ、昆虫《こんちゅう》、小鳥《ことり》の卵《たまご》など。冬《ふゆ》になると、地面《じめん》にあなをほり、冬眠《とうみん》する。

ドングリをいっぱいほお袋《ぶくろ》につめこんで、冬眠《とうみん》する巣《す》あなへはこぶ。

冬眠中《とうみんちゅう》のエゾシマリス。エゾシマリスは、冬《ふゆ》のあいだ、ねてすごす。

ニホンリスやエゾリス

夏《なつ》から冬《ふゆ》には、オニグルミやマツのタネを食《た》べる（ニホンリスには、ほお袋《ぶくろ》はない）。

冬《ふゆ》、雪《ゆき》のなかからクルミを見《み》つけたニホンリス。

●クルミとドングリ

ドングリは、多《おお》くの動物《どうぶつ》がこのんで食《た》べる栄養《えいよう》ゆたかな食《た》べものだが、そのほとんどが炭水化物《たんすいかぶつ》(1)で、脂質《ししつ》(2)はわずか1％。いっぽう、クルミは脂質《ししつ》が70％もある。おなじ量《りょう》を食《た》べても、クルミからはドングリの5倍《ばい》のエネルギーをえることができる。

（1）**炭水化物《たんすいかぶつ》**　糖質《とうしつ》と繊維《せんい》のふたつの栄養素《えいようそ》をあわせたよびかた。ごはん、パン、いもなどにふくまれる。

（2）**脂質《ししつ》**　バター、オリーブオイル、肉《にく》や魚《さかな》の脂《あぶら》などにふくまれる。

冬《ふゆ》・春《はる》　冬眠《とうみん》しない

落《お》ち葉《ば》がつもった冬《ふゆ》の森《もり》。リスが地上《ちじょう》をとびまわる音《おと》がする。しばらくすると、リスは落《お》ち葉《ば》の下《した》からクルミをほりだした。秋《あき》にかくしておいたものだ。

冬《ふゆ》に栄養《えいよう》ゆたかなクルミを食《た》べることができるニホンリスは、冬《とう》眠《みん》しないで活動《かつどう》する。春《はる》には花《はな》や新芽《しんめ》をモリモリ食《た》べてこどもをうみ、そだてる。

北海道《ほっかいどう》にすむエゾシマリスは、冬《ふゆ》のあいだドングリを巣《す》あなにたくさんたくわえ、ときおりおきて食《た》べる。ドングリはクルミほど栄《えい》養《よう》がないので、北海道《ほっかいどう》のさむい雪《ゆき》のなかを動《うご》きつづけることはきびしいのだろう。おなじ北海道《ほっかいどう》でも、クルミを食《た》べるエゾリスは、冬《ふゆ》も活動《かつどう》することができる。

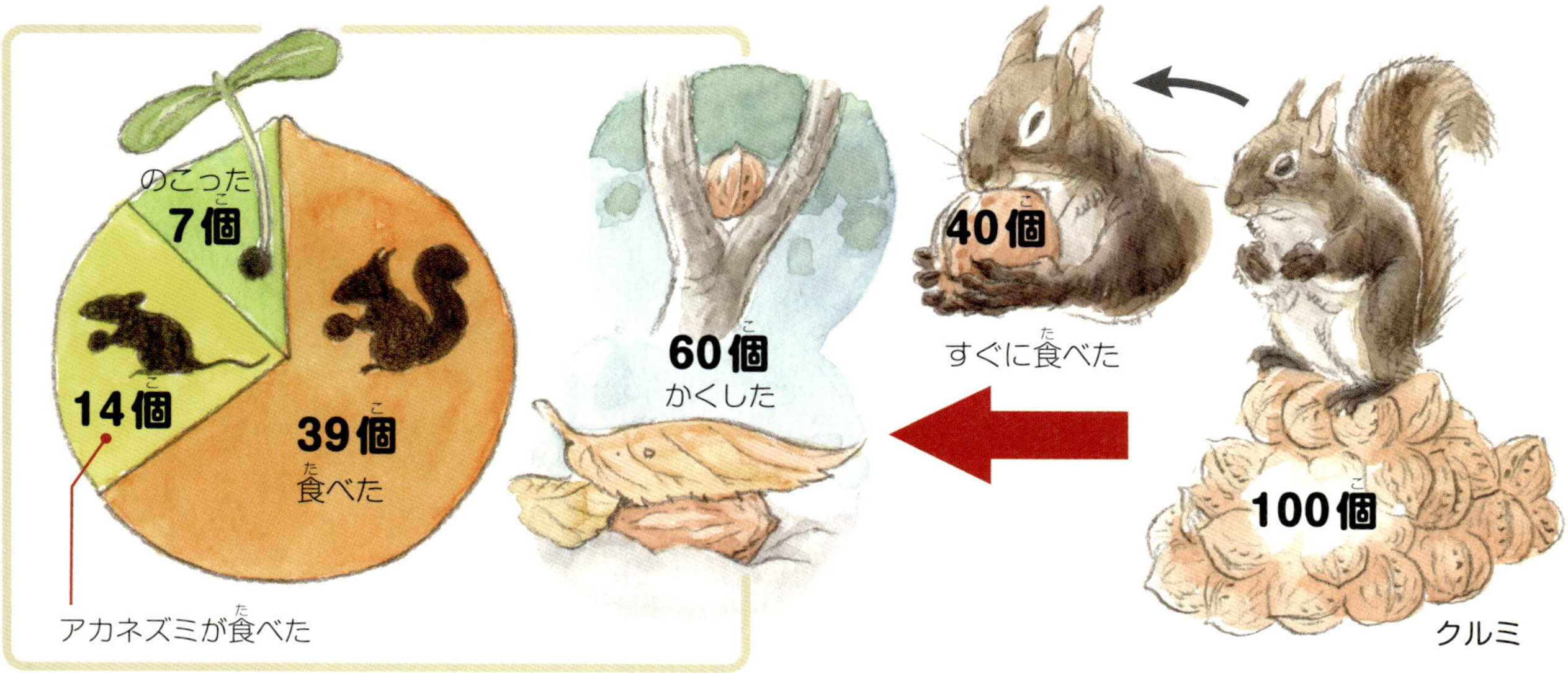
のこった
7個《こ》
14個《こ》
39個《こ》
食《た》べた
アカネズミが食《た》べた
60個《こ》
かくした
40個《こ》
すぐに食《た》べた
100個《こ》
クルミ

地中《ちちゅう》にのこったクルミは、
春《はる》に芽《め》をだした。

●リスの食《た》べかた

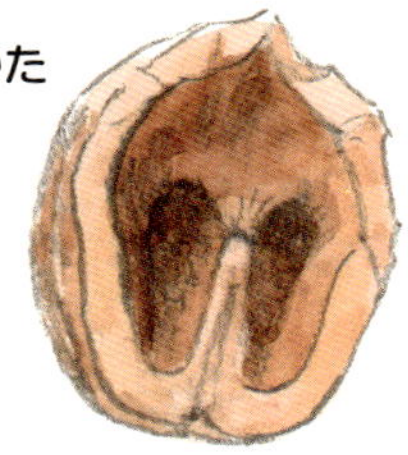

●アカネズミの食《た》べかた

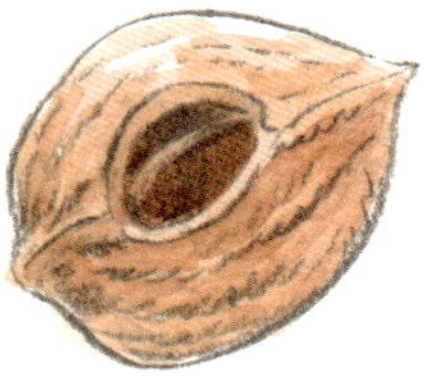

アカネズミはクルミをわることができないので、両《りょう》がわからあなをあけて食《た》べる。

発信機《はっしんき》をつけたクルミ

一定《いってい》の間隔《かんかく》で弱《よわ》い電波《でんぱ》をだす。野《や》生動物《せいどうぶつ》が動《うご》きまわるひろさを調《しら》べるためにつかわれることが多《おお》い。

オニグルミはどこへ？

リスがはこんでいったクルミの位置《いち》を調《しら》べるために、クルミに発《はっ》信機《しんき》をとりつけた。2グラムほどの小《ちい》さなもので、電波《でんぱ》をだす。電《でん》波《ぱ》がくる方向《ほうこう》を調《しら》べて、リスがかくしたクルミの場所《ばしょ》をさがした。

発信機《はっしんき》をつけたオニグルミを100個《こ》用意《ようい》して、リスにあたえた。そのうち40個《こ》はすぐに食《た》べてしまったが、のこりの60個《こ》は地中《ちちゅう》や木《き》の枝《えだ》にかくした。かくしたクルミのうち14個《こ》はアカネズミにぬすまれ、39個《こ》はリスが食《た》べにきた。7個《こ》は春《はる》まで食《た》べられずにのこり、芽《め》をだした。

アカネズミがぬすんだとわかったのは、その14個《こ》は、リスの食《た》べかたではなく、アカネズミの食《た》べかたで食《た》べていたからだ。

リスの食《た》べもの

夏《なつ》のおわりに実《み》をつけるクルミやマツ類《るい》のタネは、秋《あき》から冬《ふゆ》にかけて長《なが》いあいだ利用《りよう》するたいせつな保存食《ほぞんしょく》だ。

それだけではなく、リスは、季《き》節《せつ》におうじて、いろいろな森《もり》のめぐみも利用《りよう》している。

春《はる》にはヤマザクラやカエデ類《るい》の花《はな》、初夏《しょか》にはヤマグワやベリー類《るい》の実《み》、夏《なつ》にはセミやカタツムリなど動物《どうぶつ》やキノコも食《た》べる。秋《あき》にはオニグルミのほかにもカエデやクリなど、いろいろなタネを食《た》べる。そして、冬《ふゆ》から春《はる》にかけて、冬芽《ふゆめ》や新芽《しんめ》をさかんに利用《りよう》する。

リスが生《い》きていくためには、いろいろな動植物《どうしょくぶつ》がいる森《もり》が必要《ひつよう》なのだ。

タネのはこび屋《や》

動物《どうぶつ》が森《もり》で果実《かじつ》を見《み》つけて食《た》べると、いっしょにタネも食《た》べることになる。動物《どうぶつ》のおなかを通《とお》ったタネは、フンとともに体《からだ》からだされる。森《もり》に落《お》ちている動物《どうぶつ》のフンをほぐしてみると、タネがはいっていることが多《おお》い。

植物《しょくぶつ》の立場《たちば》で考《かんが》えてみよう

植物《しょくぶつ》は自分《じぶん》で動《うご》けないから、タネのはいった果実《かじつ》は、そのままだと植物《しょくぶつ》の下《した》に落《お》ちる。そこは暗《くら》いから芽《め》がでにくいし、せっかく芽《め》がでても大《おお》きくなれない。動《うご》ける動物《どうぶつ》の力《ちから》をかりれば、遠《とお》くはなれた場所《ばしょ》までタネをはこぶことができ、もしそこが、タネが芽《め》をだしたりそだつのにあっていればつごうがいい。

つまり、植物《しょくぶつ》はおいしい果実《かじつ》を食物《しょくもつ》として動《どう》物《ぶつ》にあげるかわりに、タネをはこんでもらっているのだ。動物《どうぶつ》をあつめるために、果実《かじつ》はめだつ色《いろ》やいいにおい、あまさをもっている。鳥《とり》やサルは目《め》がいいから、赤《あか》・黄色《きいろ》といったはでな色《いろ》は、遠《とお》くからでも見《み》つける。いいにおいは、タヌキやテンなど、鼻《はな》のいいほ乳類《にゅうるい》にとって、

ごちそうを見《み》つけるいい手《て》がかりになる。

つながる森《もり》の生《い》きものたち

動物《どうぶつ》は、植物《しょくぶつ》のために生活《せいかつ》しているわけではないが、植物《しょくぶつ》にとって役《やく》だつことがある。

たとえばテンは、自分《じぶん》のなわばりの目印《めじるし》とするために、ひらけた場所《ばしょ》にアケビやサルナシのタネがはいったフンをする。そのような場所《ばしょ》は、これらの植物《しょくぶつ》が芽《め》をだしやすく、はやく大《おお》きくなれる。テンたちは、まるで植物《しょくぶつ》のために、わざわざタネをはこんでいるようだ。それに、動《どう》物《ぶつ》が果実《かじつ》をのみこむときに歯《は》や胃液《いえき》で表面《ひょうめん》がきずつけられたタネは、ふつうのタネよりも芽《め》がでやすくなることもある。

果実《かじつ》を食《た》べる動物《どうぶつ》は、小《ちい》さい鳥《とり》から大《おお》きいクマまでさまざまいて、タネのはこび屋《や》としてはたらいていることがわかってきた。動物《どうぶつ》によって、タネをはこぶきょりがちがうらしい。植物《しょくぶつ》はいろいろな動物《どうぶつ》のたすけをかりてタネをばらまき、こどもを確実《かくじつ》にのこすことができる。それはまわりまわって動物《どうぶつ》たちの生活《せいかつ》の糧《かて》となる。

クマは、20キロメートルもはなれたところにまでタネをはこぶことがある。
20キロメートル
ツキノワグマ
2～20キロメートル
2キロメートル
ホンドテン
700～1000メートル
500メートル
ニホンザル
400～500メートル
タヌキ
100～200メートル
100メートル
ヒヨドリ
0～100メートル
植物《しょくぶつ》の下《した》は暗《くら》く、芽《め》がでにくい。

森《もり》の春《はる》

春《はる》の森《もり》のなか。木《き》の葉《は》のあいだを通《とお》りぬけたやわらかいひざしがふりそそいで、下草《したぐさ》にまで光《ひかり》がふれている。まだ地面《じめん》はつめたく、手《て》をふれるとひんやりする。

光《ひかり》をうけて、春《はる》の草《くさ》が地面《じめん》から顔《かお》をだしはじめた。1日《にち》に1センチくらいしかのびないが、あちらにもこちらにもはえているから、森全体《もりぜんたい》の緑《みどり》がこくなっていく。

森《もり》にシカがあらわれた。

ゆっくりすすみ、鼻《はな》でクンクンとにおいをかいで、草《くさ》を食《た》べる。芽《め》ばえたばかりの葉《は》は、やわらかく、みずみずしいので、シカにはごちそうのようだ。またクンクンとにおいをかぐようにして、べつの草《くさ》を食《た》べる。

森《もり》の夏《なつ》

春《はる》のあいだに森《もり》の緑《みどり》はこくなり、もう下草《したぐさ》には光《ひかり》がそそがなくなった。夏鳥《なつどり》がわたってきて巣《す》をつくり、幼虫《ようちゅう》をヒナにはこぶ。シカが食《た》べる木《き》や草《くさ》の葉《は》は、冬《ふゆ》や春《はる》とちがいじゅうぶんにのび、シカはおなかいっぱい食《た》べることができる。

朝《あさ》はやく、まだ暗《くら》いうちから葉《は》を食《た》べていたシカは、昼《ひる》まえには木《き》の下《した》にいって横《よこ》になる。

シカの胸《むね》のまえ、首《くび》のつけ根《ね》あたりにふくらみが見《み》え、それが下《した》から上《うえ》にのぼっていく。それがのどの近《ちか》くまでいったかとおもうと、シカは急《きゅう》にモグモグと口《くち》を動《うご》かしはじめる。胃《い》の食《た》べものを口《くち》にもどすのだ。これを「反《はん》すう」という。

●歯《は》の比較《ひかく》

(上《うえ》から見《み》たところ)　(正面《しょうめん》から見《み》たところ)

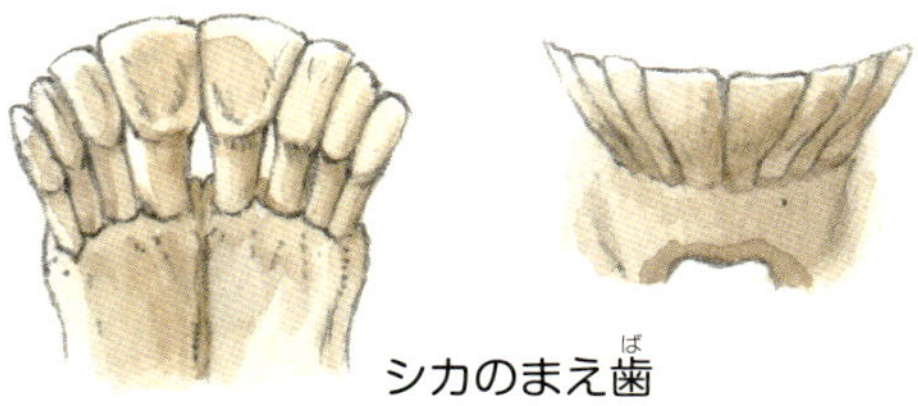

シカのまえ歯《ば》

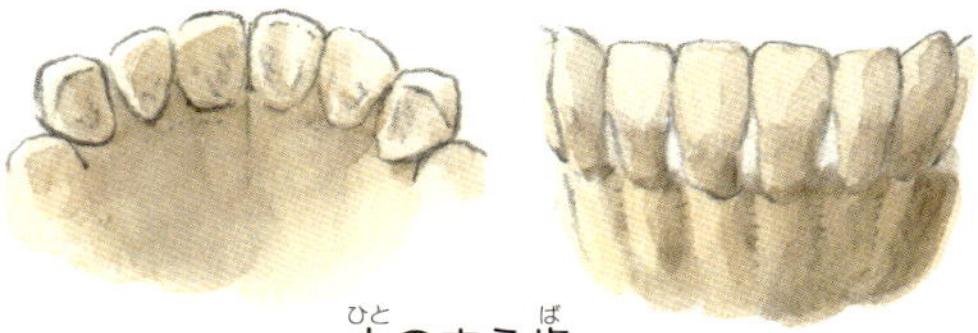

人《ひと》のまえ歯《ば》

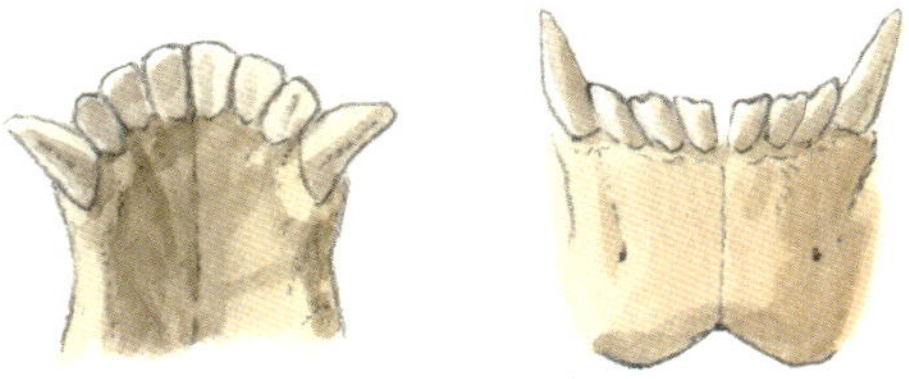

タヌキのまえ歯《ば》

シカは、上《うえ》の歯《は》ぐきと下《した》のまえ歯《ば》で葉《は》をつまんで食《た》べる。

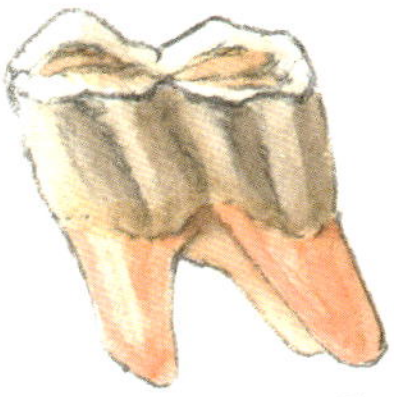

シカのおく歯《ば》

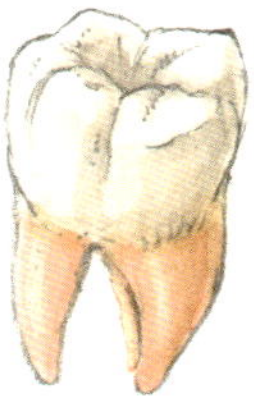

人《ひと》のおく歯《ば》

上《うわ》あご
歯《は》はない。

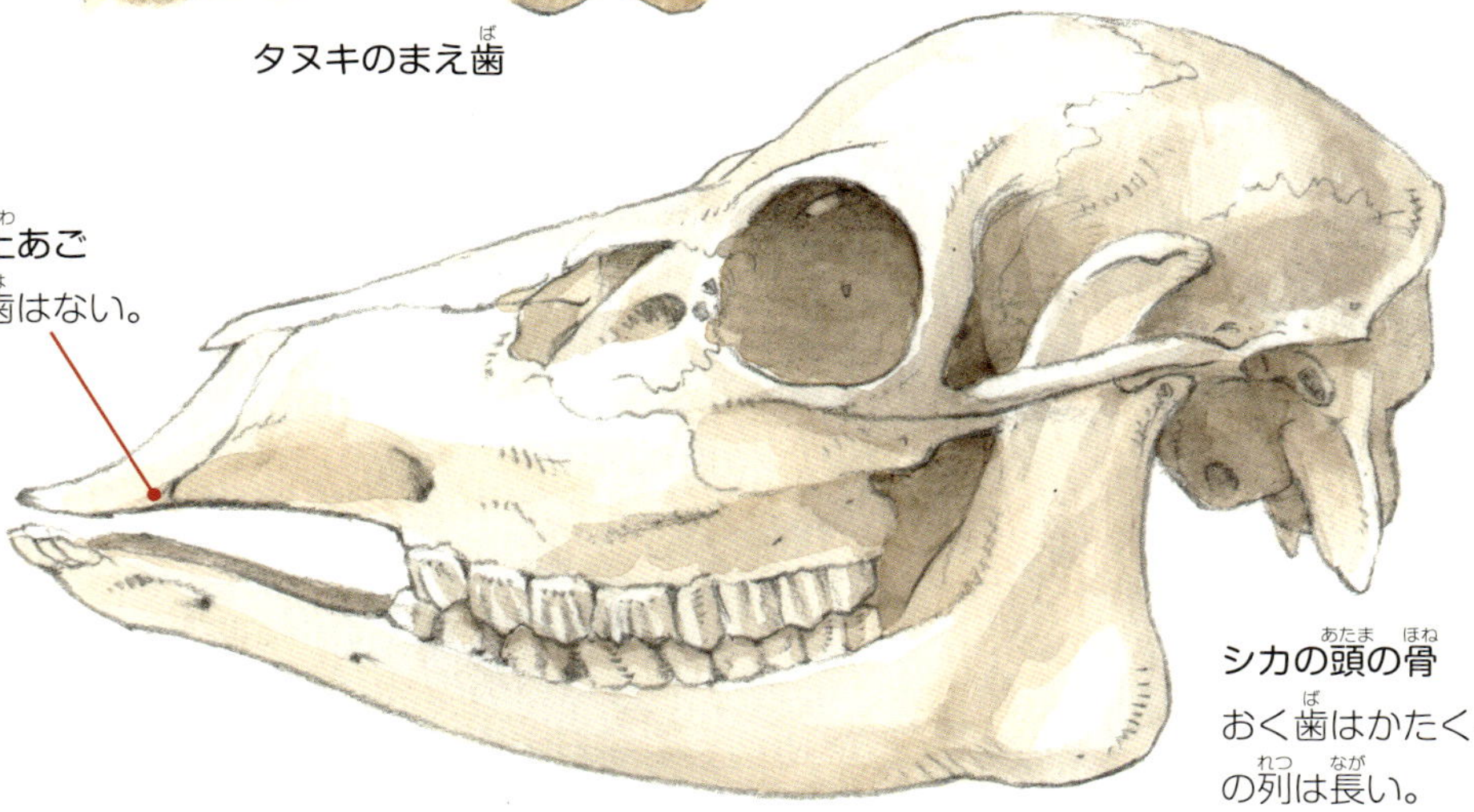

シカの頭《あたま》の骨《ほね》
おく歯《ば》はかたく、歯《は》の列《れつ》は長《なが》い。

葉《は》を食《た》べる

シカは、毎日《まいにち》たくさんの葉《は》を食《た》べる。人《ひと》やイヌなどとちがって、シカの上《うわ》あごにはまえ歯《ば》がなく、あるのは歯《は》ぐきだけだ。この歯《は》ぐきと下《した》のまえ歯《ば》ではさんで、葉《は》をひきちぎる。食《た》べた葉《は》は、長《なが》くつらなるおく歯《ば》ですりつぶされる。おく歯《ば》はとてもするどく、じょうぶにできている。

人《ひと》は米《こめ》やパン、肉《にく》や魚《さかな》、果実《かじつ》や野菜《やさい》などさまざまなものを食《た》べるので、まえ歯《ば》で食《た》べものをくわえ、糸切《いとき》り歯《ば》でかみ切《き》り、おく歯《ば》ですりつぶすというぐあいに、いろいろな歯《は》をもっている。

イヌやタヌキは肉《にく》や果実《かじつ》を食《た》べる。人《ひと》よりもするどくとがった歯《は》で食《た》べものを切《き》って、おく歯《ば》ですりつぶす。

反《はん》すうするシカ

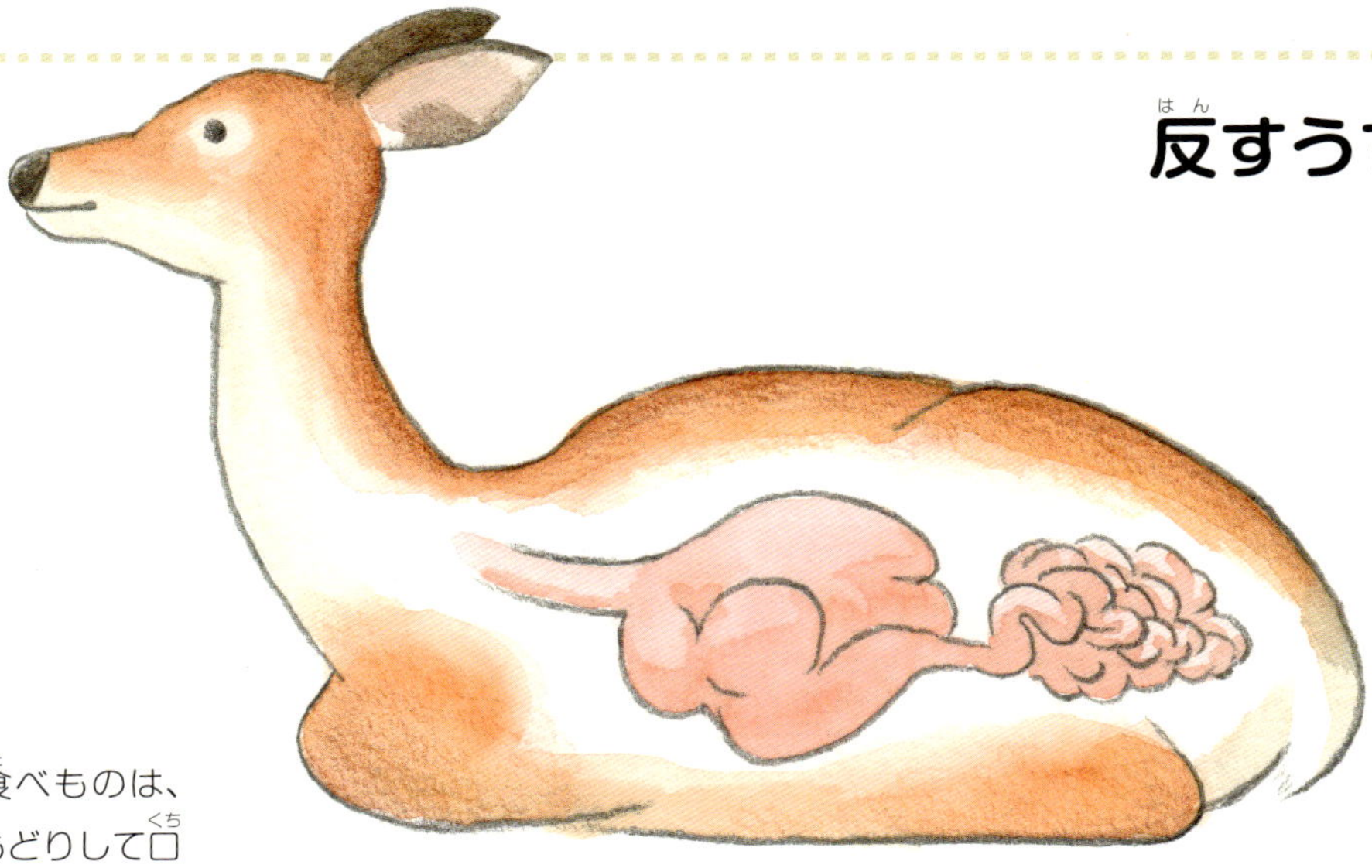

2つめの胃《い》の食《た》べものは、のどをぎゃくもどりして口《くち》にいき、もう一度《いちど》もぐもぐとつぶされる。

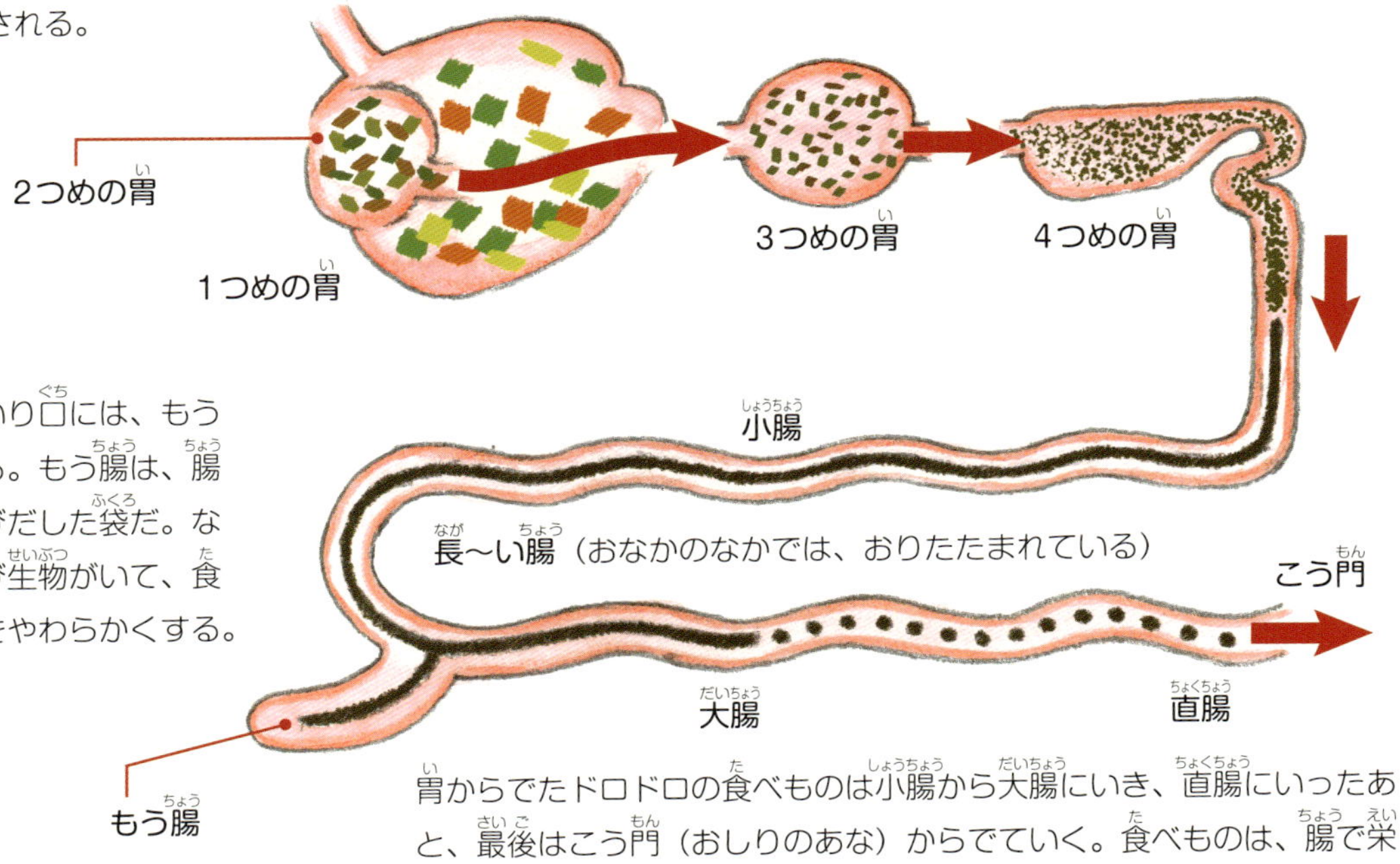

2つめの胃《い》
1つめの胃《い》
3つめの胃《い》
4つめの胃《い》
小腸《しょうちょう》
長《なが》〜い腸《ちょう》（おなかのなかでは、おりたたまれている）
こう門《もん》
大腸《だいちょう》
直腸《ちょくちょう》
もう腸《ちょう》

大腸《だいちょう》のいり口《ぐち》には、もう腸《ちょう》がある。もう腸《ちょう》は、腸《ちょう》からとびだした袋《ふくろ》だ。なかにはび生物《せいぶつ》がいて、食《た》べものをやわらかくする。

胃《い》からでたドロドロの食《た》べものは小腸《しょうちょう》から大腸《だいちょう》にいき、直腸《ちょくちょう》にいったあと、最後《さいご》はこう門《もん》（おしりのあな）からでていく。食《た》べものは、腸《ちょう》で栄養《えいよう》と水気《みずけ》をすいとられて、おしりの近《ちか》くではつぶつぶのうんちになる。

反《はん》すうと消《しょう》化《か》

おく歯《ば》ですりつぶされた葉《は》は、大《おお》きな1つめの胃《い》にはいる。そこにはび生物《せいぶつ》という人《ひと》の目《め》に見《み》えないほど小《ちい》さな生《い》きものがたくさんいて、葉《は》をやわらかくする。1つめの胃《い》にはいった葉《は》は、2つめの胃《い》にいってからのどをぎゃくもどりして口《くち》にいき、反《はん》すうされて、1つめの胃《い》にもどる。その後《ご》、3つめの胃《い》にいき、水気《みずけ》をすいとられたあと、4つめの胃《い》につく。ここで胃液《いえき》という液《えき》でとかされる。

そのあとは腸《ちょう》というとても長《なが》い管《くだ》にはいって栄養《えいよう》をすいとられながら移動《いどう》する。腸《ちょう》のうしろのほうでは水気《みずけ》がすいとられ、腸《ちょう》がしぼるように動《うご》くので、つぶつぶのうんちになる。うんちは、おしりのあなが開《ひら》くとぞろぞろとでてくる。

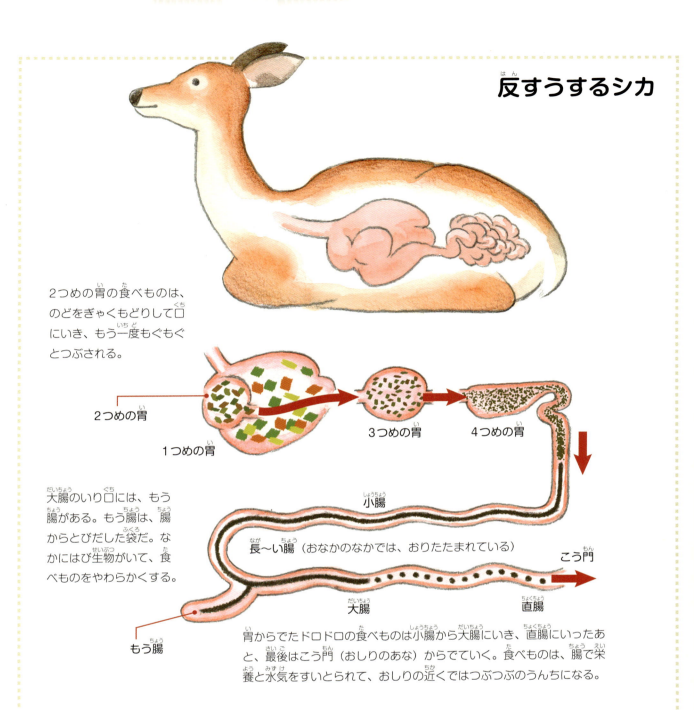

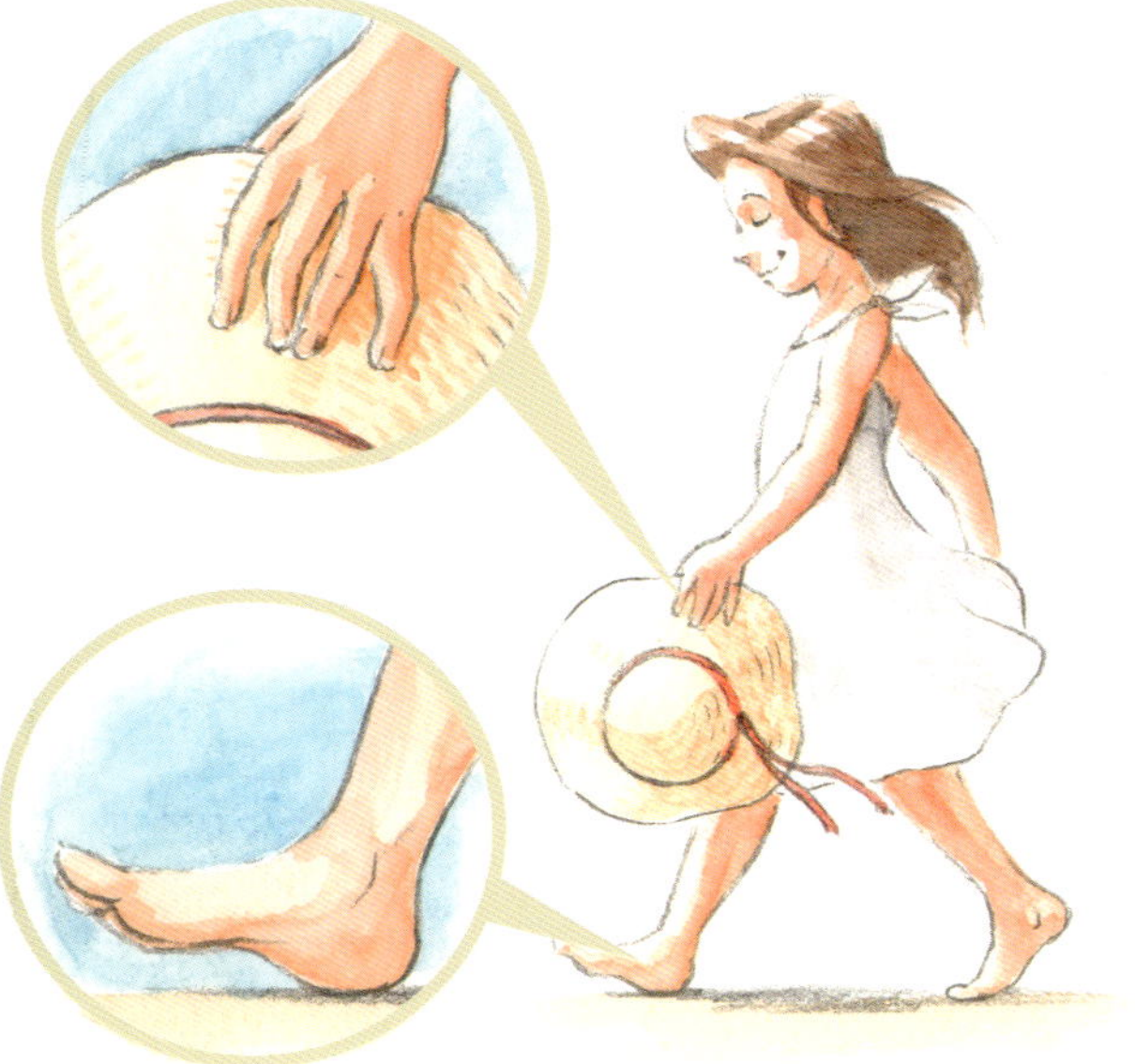

人《ひと》のあしは、歩《ある》いたり走《はし》ったりするためにつかい、手《て》（まえあし）は、ものをにぎったりつかんだりすることができる。

タヌキは、とがった歯《は》をつかって木《き》の実《み》や昆虫《こんちゅう》を食《た》べる。

タヌキのあしは短《みじか》い。

タヌキのあしには、短《みじか》い指《ゆび》がある。

シカは耳《みみ》がよく、いつもまわりのもの音《おと》をきいている。

シカのあしは長《なが》くて、はやく走《はし》ることができる。

シカの指《ゆび》は2本《ほん》だけで、ひづめになっている。

体《からだ》のつくり

シカは、植物《しょくぶつ》の葉《は》を食《た》べる代表《だいひょう》的《てき》な動物《どうぶつ》だ。歯《は》や胃《い》や腸《ちょう》はそのために特別《とくべつ》なものになっている。

おとなしくておくびょうなので、もの音《おと》をきくために、小《ちい》さい音《おと》でもきこえる大《おお》きな耳《みみ》をもっているし、スラリとした長《なが》いあしではやく走《はし》ることができる。走《はし》るときに力《ちから》があし先《さき》に集中《しゅうちゅう》するように、指《ゆび》の数《かず》は2本《ほん》のひづめになっている。

タヌキは、昆虫《こんちゅう》や果実《かじつ》を食《た》べるので、とがった歯《は》をもっている。胃《い》はひとつしかなく、腸《ちょう》も短《みじか》い。あしは短《みじか》く、はやくは走《はし》れないが、やわらかい土《つち》や雪《ゆき》の上《うえ》でもしずまないで歩《ある》くことができる。

人《ひと》やサルのあしは、歩《ある》いたり走《はし》ったりする。手《て》（まえあし）は、にぎったりつかんだりできる。

0歳《さい》のオスには角《つの》がないが、1歳《さい》になるとまっすぐな角《つの》がはえる。その後《ご》、枝《えだ》がふえて、4歳《さい》くらいで4本《ほん》の枝《えだ》になる。

完成《かんせい》した4本《ほん》の枝角《えだづの》

シカの角《つの》は春《はる》に落《お》ち、夏《なつ》にニョキニョキとのびて、秋《あき》にはりっぱに完成《かんせい》する。

のびているふくろ角《づの》

のびはじめのふくろ角《づの》

ヘラジカ

ヘラジカの角《つの》は、長《なが》いだけでなく、枝《えだ》の部分《ぶぶん》がてのひらのようにつながっている。

アカシカ

アカシカの枝角《えだづの》は、枝《えだ》が10本《ぽん》以上《いじょう》もある。

シカの角《つの》

シカのオスには角《つの》がある。この角《つの》は枝《えだ》わかれしているので、枝角《えだづの》とよばれる。ふしぎなことに、この枝角《えだづの》は毎年《まいとし》はえかわる。

春《はる》に、頭《あたま》のうしろのほうからえんじ色《いろ》のやわらかいふくろ角《づの》とよばれる角《つの》がふくらんで、4か月《げつ》くらいで50センチくらいものびる。夏《なつ》のおわりになると、外《そと》がわの皮《ひ》ふがはげ落《お》ちる。オスは、これを草《くさ》や木《き》にうちつけてみがく。秋《あき》になるとりっぱな角《つの》が完成《かんせい》する。冬《ふゆ》をこし、よくねんの春《はる》、この角《つの》は根《ね》もとからポトンと落《お》ちる。

オスでも、0歳《さい》の子《こ》ジカには角《つの》はない。1歳《さい》の夏《なつ》になると、えんぴつのような1本《ぽん》の角《つの》がはえて、大《おお》きくなるにつれてりっぱになっていく。

森《もり》の秋《あき》

夏《なつ》のあいだ森《もり》をおおっていた葉《は》は、秋《あき》になると赤《あか》や黄色《きいろ》、茶色《ちゃいろ》にかわり、ガマズミの赤《あか》い実《み》やドングリなどがみのる。その木《き》の実《み》を食《た》べるために、テンやリスなどの小《ち》さい動物《どうぶつ》がいそがしく森《もり》を動《うご》きまわる。

シカは、夏《なつ》のあいだにたくさんの植物《しょくぶつ》を食《た》べて、よく太《ふと》っている。オスジカは首《くび》が太《ふと》くなり、首《くび》のたてがみも長《なが》くなる。全体《ぜんたい》に暗《くら》い灰《はい》色《いろ》の冬毛《ふゆげ》にかわるが、オスはどろあびをしてまっ黒《くろ》になる。夏《なつ》のあいだにのびたオスの角《つの》には４本《ほん》の枝《えだ》があり、かたくなる。

森《もり》のなかには「ホイーーー」というオスジカのさけび声《ごえ》がひびきわたる。そのさけびは、夜《よる》まできこえる。

森《もり》の冬《ふゆ》

赤《あか》や黄色《きいろ》に色《いろ》づいていた森《もり》の木《き》は、こがらしがふくたびに葉《は》を落《お》とし、だんだんさびしくなっていく。やがて雪《ゆき》がふり、森《もり》は白《しろ》い世界《せかい》にかわる。

雪《ゆき》がふかいところでは、ひづめが雪《ゆき》にしずんでしまうので、動《うご》きがとれなくなる。そういう日《ひ》が何日《なんにち》もつづくと、シカは植物《しょくぶつ》が食《た》べられる雪《ゆき》の少《すく》ない山《やま》の下《した》におりる。シカは、冬《ふゆ》のあいだにしだいにやせていき、あばら骨《ぼね》が見《み》えるようになることもある。

また春《はる》がきて新《あたら》しい草《くさ》が芽《め》ばえるまで、シカたちは長《なが》い冬《ふゆ》をじっとたえてすごす。秋《あき》に、メスジカのおなかのなかには小《ちい》さな命《いのち》がやどり、明《あか》るい世界《せかい》にうまれでるのをまっている。

ジャンプしてのりこえるアユ。
アユ
河口《かこう》にあつまるアユ。

春《はる》 川《かわ》をのぼる

あたたかい春《はる》をむかえ、海《うみ》でそだったわかいアユたちが、河口近《かこうちか》くにあつまってきた。そして、川《かわ》の水《みず》の温度《おんど》があがると、いっせいに川《かわ》をのぼりはじめる。

アユが多《おお》い川《かわ》では、黒《くろ》いかたまりのようになってのぼっていく。とちゅうに大《おお》きな岩《いわ》や段差《だんさ》があると、ジャンプしてのりこえる。

よく見《み》ると、アユは川《かわ》の上流《じょうりゅう》へさかのぼりながら、川底《かわぞこ》のカゲロウやトビケラなどの水生昆虫《すいせいこんちゅう》をつかまえて食《た》べている。

やがて川《かわ》の中流《ちゅうりゅう》や上流《じょうりゅう》までのぼってくると、1匹《ぴき》、また1匹《ぴき》と群《む》れをはなれていく。それぞれ、体《からだ》をキラリとひるがえしながら、石《いし》についたコケ（けい藻《そう》やらん藻《そう》）などを食《た》べはじめる。

アユのなわばり。

コケを食《た》べるアユと、食《は》みあと。

夏《なつ》　川《かわ》で成長《せいちょう》する

川《かわ》の中流《ちゅうりゅう》に落《お》ちついたアユは、コケがよくついた石《いし》をえらび、その石《いし》のまわりをなわばりにして、パトロールをはじめる。石《いし》についたコケを食《た》べようと、ほかのアユが近《ちか》くまできたとたん、そこをなわばりにしたアユが、はげしく体《たい》あたりしておいはらってしまった。

　アユがコケを食《た》べたあとには、たくさんの「食《は》みあと」がのこる。食《は》みあとが多《おお》ければ、その川《かわ》にたくさんアユがすんでいることがわかる。

　夏《なつ》のあいだ、アユはコケを食《た》べて大《おお》きくなり、秋《あき》をむかえるころには、20センチをこえるりっぱなおとなのアユに成長《せいちょう》する。

魚《さかな》の体《からだ》

●えらのつくり

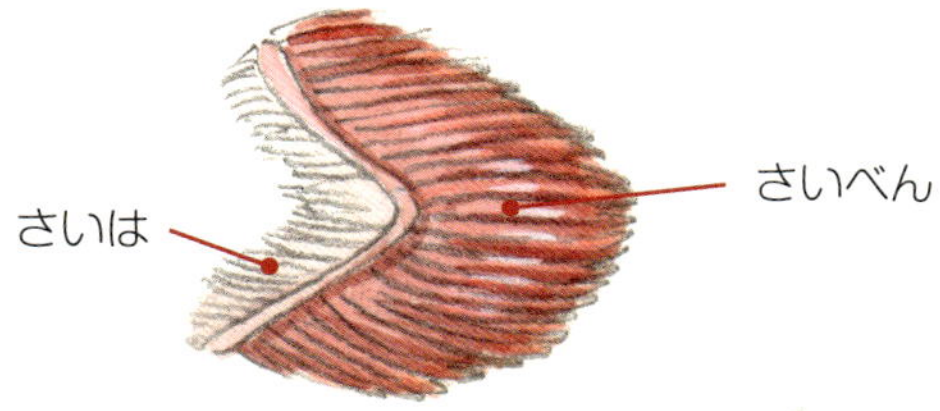

アユ（草食《そうしょく》）
石《いし》についているコケを食《た》べる。歯《は》は、コケをそぎ落《お》とせるように、歯《は》ブラシのようなかたちをしている。

オオフチバス（肉食《にくしょく》）
大《おお》きな目《め》でえさとなる魚《さかな》をさがし、大《おお》きな口《くち》でパクリと食《た》べる。

歯《は》ブラシのような歯《は》。

魚《さかな》の食《た》べものと口《くち》

川《かわ》の魚《さかな》は、ほかの魚《さかな》やエビ、貝《かい》、水生昆虫《すいせいこんちゅう》などを食《た》べる肉食《にくしょく》、水草《みずくさ》やコケなどの植物《しょくぶつ》を食《た》べる草食《そうしょく》、両方《りょうほう》を食《た》べる雑食《ざっしょく》にわけられる。肉食《にくしょく》の代表《だいひょう》はヤマメ、カジカ、ナマズなど、草食《そうしょく》はアユやボウズハゼ、雑食《ざっしょく》はウグイやコイなどだ。

なにを食《た》べるかで、口《くち》や歯《は》のかたち、大《おお》きさがちがう。たとえば、肉食《にくしょく》の魚《さかな》は、大《おお》きな口《くち》とするどい大《おお》きな歯《は》をもっている。これは、えさの小魚《こざかな》やエビなどをつかまえて食《た》べるのに便利《べんり》だ。えものをつかまえやすいし、一度《いちど》くわえたらにがさないようなつくりになっている。

プランクトンという水《みず》のなかをただよう小《ちい》さい生物《せいぶつ》を食《た》べる魚《さかな》は、歯《は》は小《ちい》さいが、口《くち》が大《おお》きく開《ひら》く。

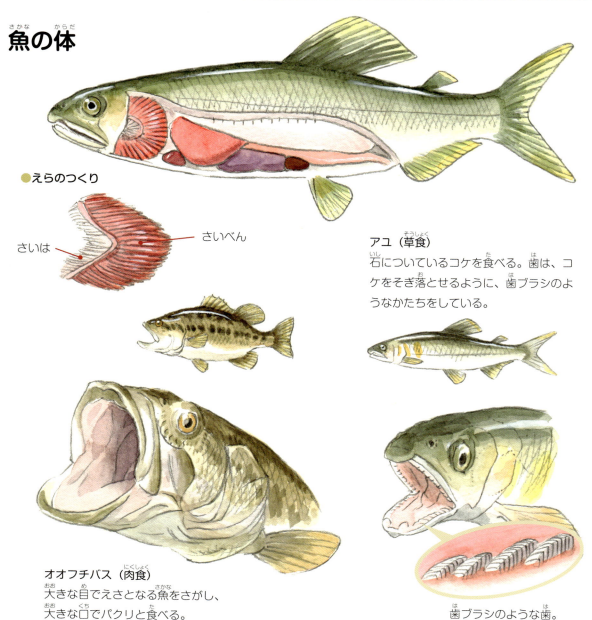

カマツカ（雑食《ざっしょく》）

口《くち》が下《した》をむいていて、えさとなる小動物《しょうどうぶつ》を砂《すな》ごと食《た》べたあと、砂《すな》はえらのあなからだす。

コイ（雑食《ざっしょく》）

口《くち》には歯《は》はないが、のどのおくに大《おお》きな咽頭歯《いんとうし》があり、貝《かい》もつぶして、カラごと食《た》べてしまう。

テングヨウジ（肉食《にくしょく》）

細《ほそ》くて長《なが》いストローのような口《くち》で、プランクトンを水《みず》ごとのみこむ。

ドジョウ（雑食《ざっしょく》）

10本《ぽん》のひげをつかって、砂《すな》やどろのなかから小動物《しょうどうぶつ》や水草《みずくさ》などのえさをさがしだす。

えらにある「さいは」というくし形《がた》の部分《ぶぶん》で、口《くち》からはいったプランクトンをこしとって食《た》べることができる魚《さかな》もいる。

　草食《そうしょく》のアユは、歯《は》がブラシのようになっていて、この歯《は》でコケを上手《じょうず》にはぎとって食《た》べる。

　海《うみ》には川《かわ》よりもたくさんの魚《さかな》がすんでいて、食《た》べものもさまざまだ。サンゴをかじる、砂《すな》のなかの生物《せいぶつ》をひげをつかってさがして食《た》べる、口《くち》をつきだして小魚《こざかな》をすいこむ、小魚《こざかな》を光《ひかり》でおびきよせて食《た》べるなど、その食《た》べものによって、口《くち》や歯《は》、ひげ、目《め》などが、さまざまなかたちをしている。

　おなじタナゴのなかまでも、肉《にく》食《しょく》と草食《そうしょく》の種類《しゅるい》では、腸《ちょう》の長《なが》さがちがう。草食《そうしょく》のタナゴの腸《ちょう》は、長《なが》くて複雑《ふくざつ》なかたちをしている。

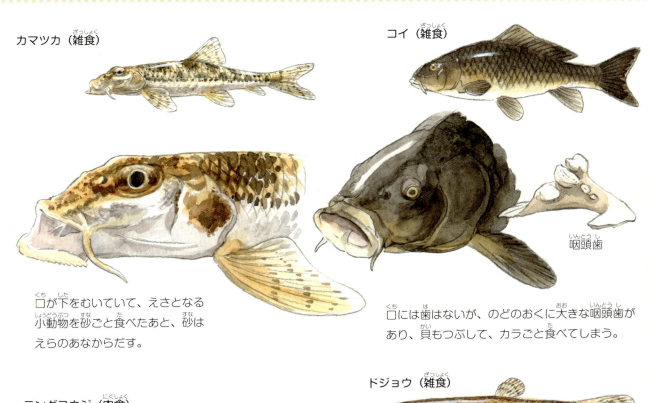

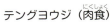

卵《たまご》をうむアユ。

石《いし》についたアユの卵《たまご》。

秋《あき》 卵《たまご》をうむ

あつい夏《なつ》がおわり、卵《たまご》をうむ秋《あき》だ。大《おお》きくなったアユは、昼間《ひるま》の時間《じかん》が短《みじか》くなり、川《かわ》の水《みず》の温度《おんど》がさがると、川《かわ》の下流《かりゅう》へと動《うご》きはじめた。

中流《ちゅうりゅう》から下流《かりゅう》の、あさくてながれがはやいところまでくると、アユたちはあつまって卵《たまご》をうみはじめる。川《かわ》の底《そこ》に落《お》ちた卵《たまご》は、じゃりのあいだにはいったり、石《いし》にくっついたりして、ふ化《か》（卵《たまご》から赤《あか》ちゃんがでてくること）のしゅん間《かん》をまっている。

卵《たまご》のなかでは、2週間《しゅうかん》ほどで魚《さかな》の体《からだ》ができあがり、敵《てき》の少《すく》ない夜《よる》のあいだに、つぎつぎとふ化《か》していく。アユの赤《あか》ちゃん（稚魚《ちぎょ》）のたん生《じょう》だ。稚魚《ちぎょ》は糸《いと》くずほどの大《おお》きさしかないが、ながれにのって

アユの赤《あか》ちゃんのえさ、プランクトン

大《おお》きさは、だいたい200マイクロメートル（0.2ミリメートル）。

海《うみ》でそだつアユの赤《あか》ちゃん。

川《かわ》をくだり、海《うみ》へとでていった。

冬《ふゆ》　海《うみ》でそだつ稚魚《ちぎょ》

稚魚《ちぎょ》たちは、海《うみ》にでると、あつまって大《おお》きな群《む》れをつくりはじめた。

海《うみ》には、小《ちい》さなプランクトンが、たくさんただよって生活《せいかつ》している。植物《しょくぶつ》プランクトンのけい藻類《そうるい》、動《どう》物《ぶつ》プランクトンのミジンコ類《るい》、エビ、カニ、ゴカイの幼生《ようせい》（おとなになるまえのべつのすがた）など、さまざまな生物《せいぶつ》だ。これらのプランクトンを食《た》べながら、アユの稚《ち》魚《ぎょ》はすくすくそだっていく。

さむい冬《ふゆ》の時期《じき》、海《うみ》は川《かわ》よりも水《みず》の温度《おんど》が高《たか》く、えさとなるプランクトンも多《おお》い。そのため、海《うみ》は、稚魚《ちぎょ》をそだててくれる「アユのゆりかご」になっている。

赤《あか》ちゃんのたん生《じょう》

卵《たまご》

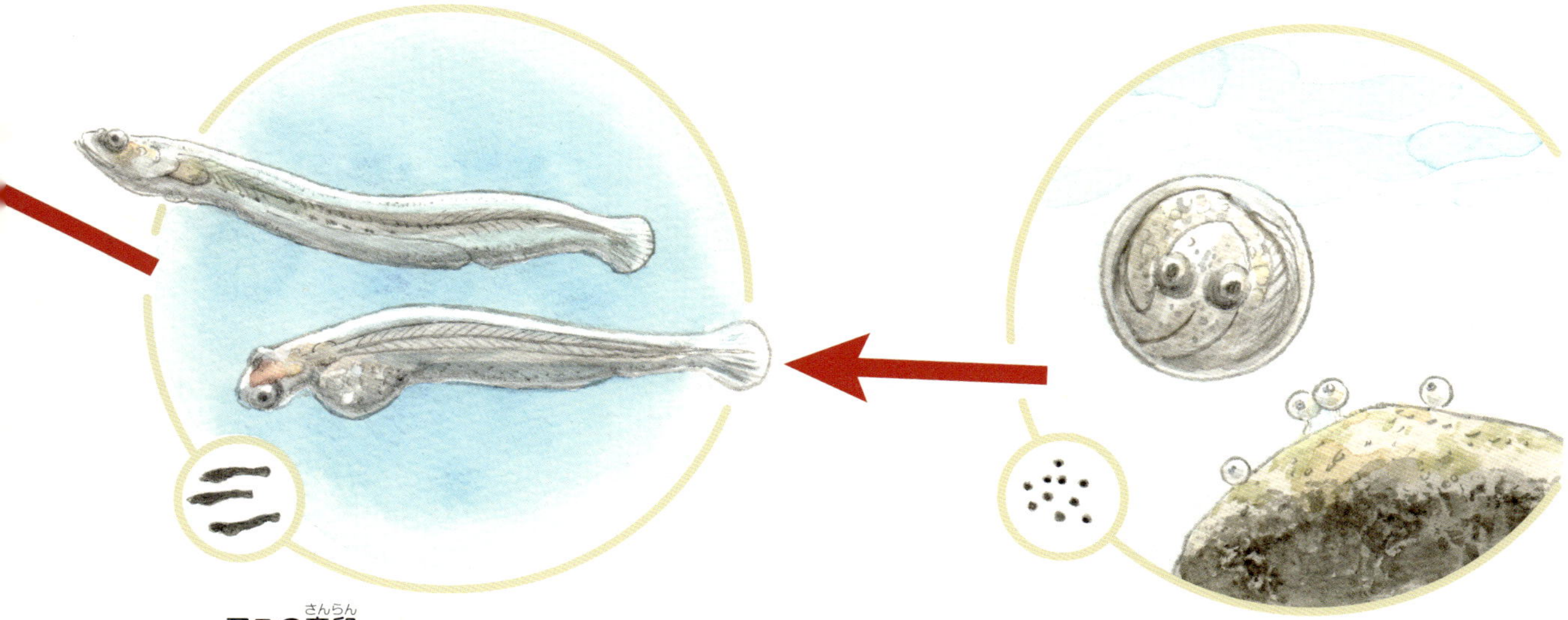

アユの産卵《さんらん》

アユは、あつまって卵《たまご》をうんだあと、死《し》んでしまう。

サケのなかま

アユは、サケとおなじなかまで、日本《にほん》のきれいな川《かわ》にすんでいる。すらっとした美《うつく》しいすがたをしており、大《おお》きさは30センチほどになる（ただし、すんでいる地方《ちほう》やその魚《さかな》によって、かなりの差《さ》がある）。全体《ぜんたい》はうっすらとした緑《みどり》色《いろ》をしていて、胸《むな》びれのうしろにめだつ黄色《きいろ》のもようがある。卵《たまご》をうむ秋《あき》になると、体《からだ》の色《いろ》が、オレンジ色《いろ》と黒色《くろいろ》に変化《へんか》する。

アユは、川《かわ》と海《うみ》を行《い》き来《き》する魚《さかな》の代表《だいひょう》だ。秋《あき》に川《かわ》で卵《たまご》をうむと、ふ化《か》した稚魚《ちぎょ》は海《うみ》へとくだり、冬《ふゆ》を海《うみ》ですごす。春《はる》になると川《かわ》をのぼり、夏《なつ》のあいだは川《かわ》の中上流《ちゅうじょうりゅう》で生活《せいかつ》する。そして、秋《あき》に卵《たまご》をうむと、わずか1年《ねん》という短《みじか》い一生《いっしょう》をおえる。このため、アユは「一年《ねん》

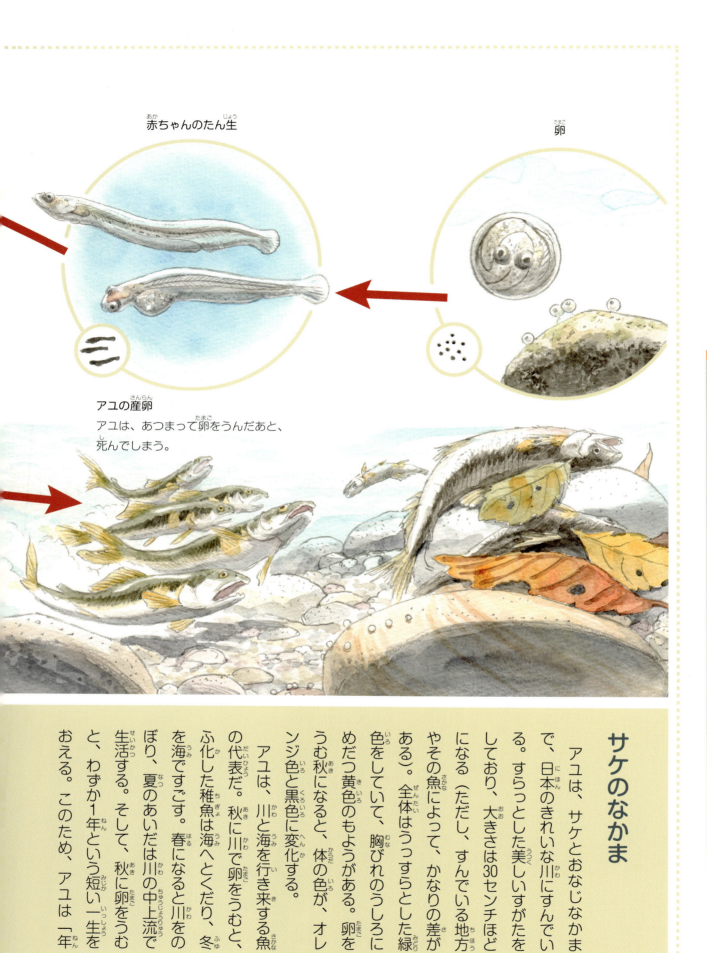

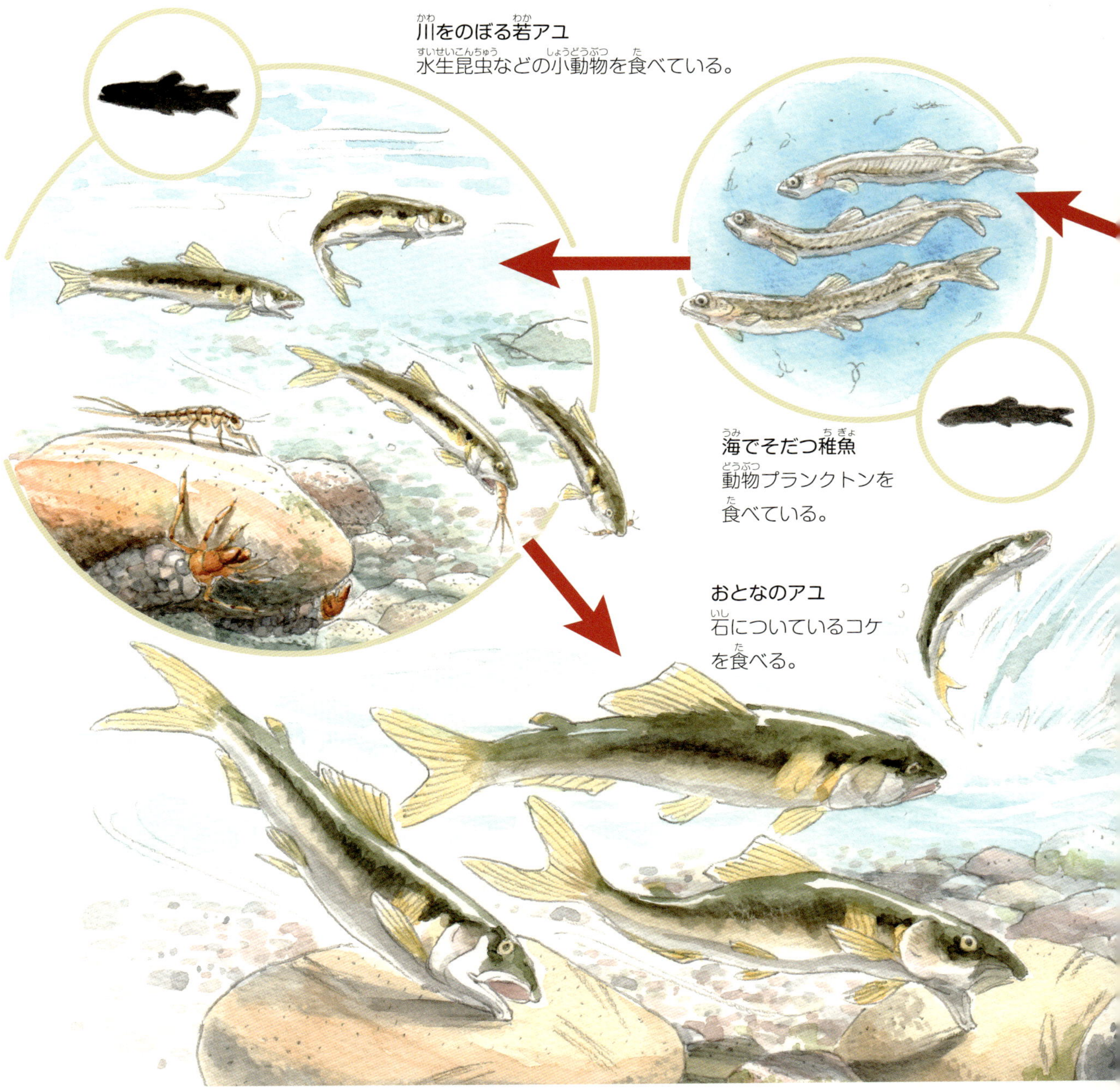
川《かわ》をのぼる若《わか》アユ
水生昆虫《すいせいこんちゅう》などの小動物《しょうどうぶつ》を食《た》べている。
海《うみ》でそだつ稚魚《ちぎょ》
動物《どうぶつ》プランクトンを食《た》べている。
おとなのアユ
石《いし》についているコケを食《た》べる。

魚《ぎょ》」ともよばれている。

アユがくらす川《かわ》

琵琶湖《びわこ》のコアユをはじめ、一部《いちぶ》の地域《ちいき》のアユは、稚魚《ちぎょ》のときに海《うみ》にはくだらずに、海《うみ》のかわりに湖《みずうみ》でくらす。

東京《とうきょう》の近《ちか》くをながれる多摩川《たまがわ》などでは、水《みず》がよごれてアユがいなくなってしまったときがあった。しかし、少《すこ》しずつ水《みず》がきれいになり、元気《げんき》よく川《かわ》をのぼるアユのすがたが、また見《み》られるようになった。

アユが元気《げんき》に生《い》きていくためには、川《かわ》の水《みず》がきれいなだけでなく、川《かわ》と海《うみ》を行《い》き来《き》できることがたいせつだ。大《おお》きな川《かわ》の下流《かりゅう》の堰《せき》には、魚《さかな》やエビなどがのぼってこられるように、魚《さかな》の通《とお》り道《みち》である魚道《ぎょどう》がつくられている。

河原《かわら》のひなたにすすみでたアオダイショウ。

ひなたぼっこ

午前《ごぜん》10時《じ》、道《みち》ばたの石垣《いしがき》に太陽《たいよう》の光《ひかり》があたり、ひなたができる。草《くさ》むらがさわさわと動《うご》き、のっそりと大《おお》きなヘビがすすみでた。アオダイショウだ。うろこが、うっすらと緑色《みどりいろ》に光《ひか》っている。

もっと日《ひ》のあたるところにでたいのだろうが、日《ひ》あたりがよいということは、空《そら》をとびながらえものをさがす、おそろしいタカからもまる見《み》えということだ。だからアオダイショウは草《くさ》かげにひそんで、あたたまるのをじっとまつ。

ところで、アオダイショウとはおもしろい名前《なまえ》だ。むかしは、緑《みどり》色《いろ》を「青《あお》」といった。緑色《みどりいろ》に光《ひか》り、大《おお》きくてりっぱな体《からだ》をしているから、青大将《あおだいしょう》。むかしからとても身《み》近《ぢか》なヘビなのだ。

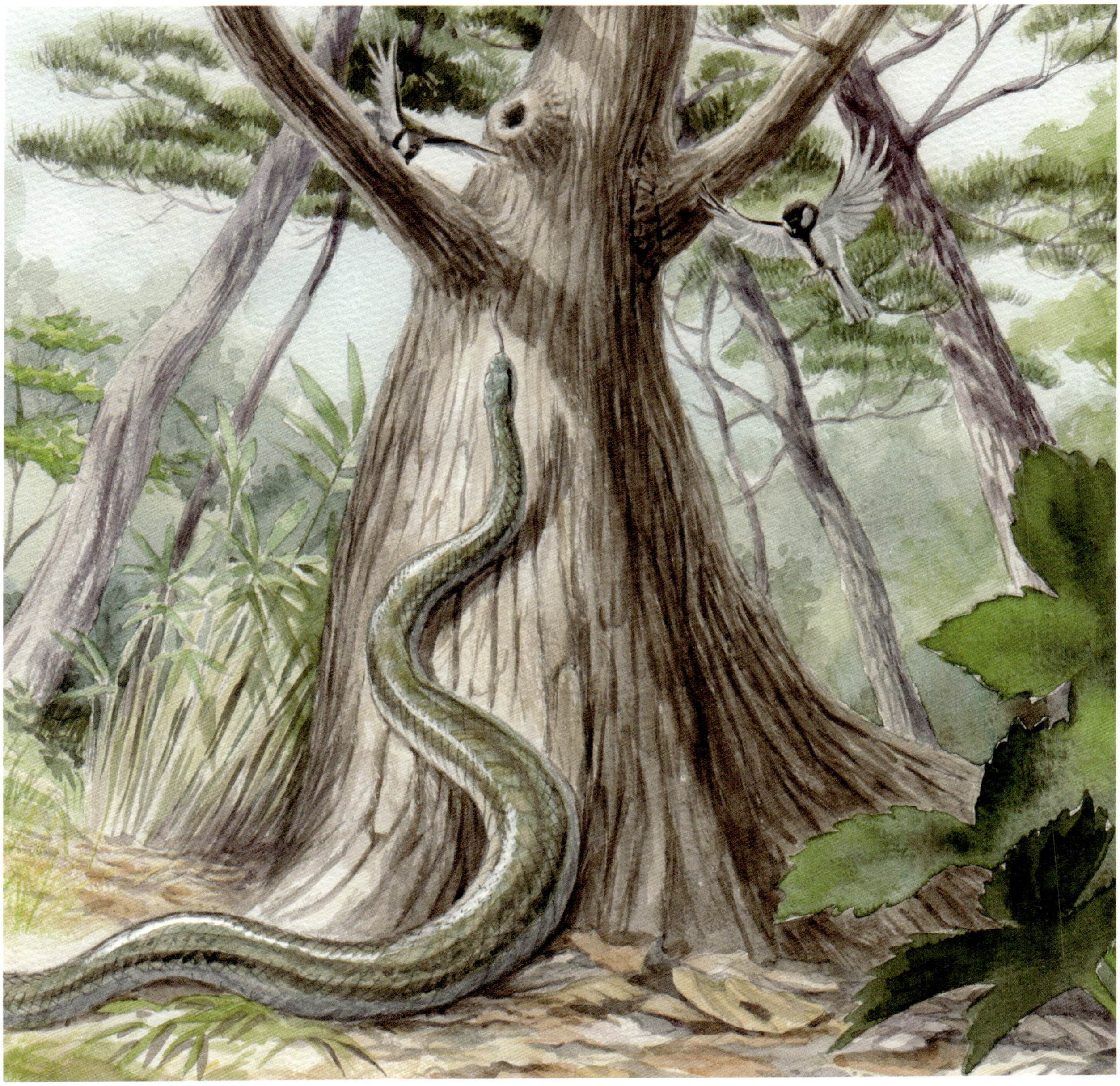

シジュウカラの巣《す》をねらうアオダイショウ。

においをたよりに近《ちか》づく

アオダイショウがするすると草《くさ》むらをすすむ。そのすがたを見《み》つけたシジュウカラの親鳥《おやどり》が、チー、ピチッ！　と、するどいなき声《ごえ》をあげた。近《ちか》くに巣《す》があるらしい。

アオダイショウはヒナをさがして、ある大《おお》きな木《き》の下《した》にきた。親《おや》鳥《どり》はいっそうはげしくなきたてる。近《ちか》くに巣《す》があることがわかったので、舌《した》をチロチロとだし、ヒナのにおいの方向《ほうこう》をさぐる。

巣《す》の場所《ばしょ》の見当《けんとう》をつけると、アオダイショウは頭《あたま》をもちあげ、木《き》の幹《みき》に下《した》あごをつける。うろこを幹《みき》へひっかけて体《からだ》をささえ、するするとのぼる。親鳥《おやどり》はいっそうはげしくなき、頭《あたま》すれすれをとんでいるが、アオダイショウはかまわずすすむ。巣《す》あなまであと少《すこ》し。

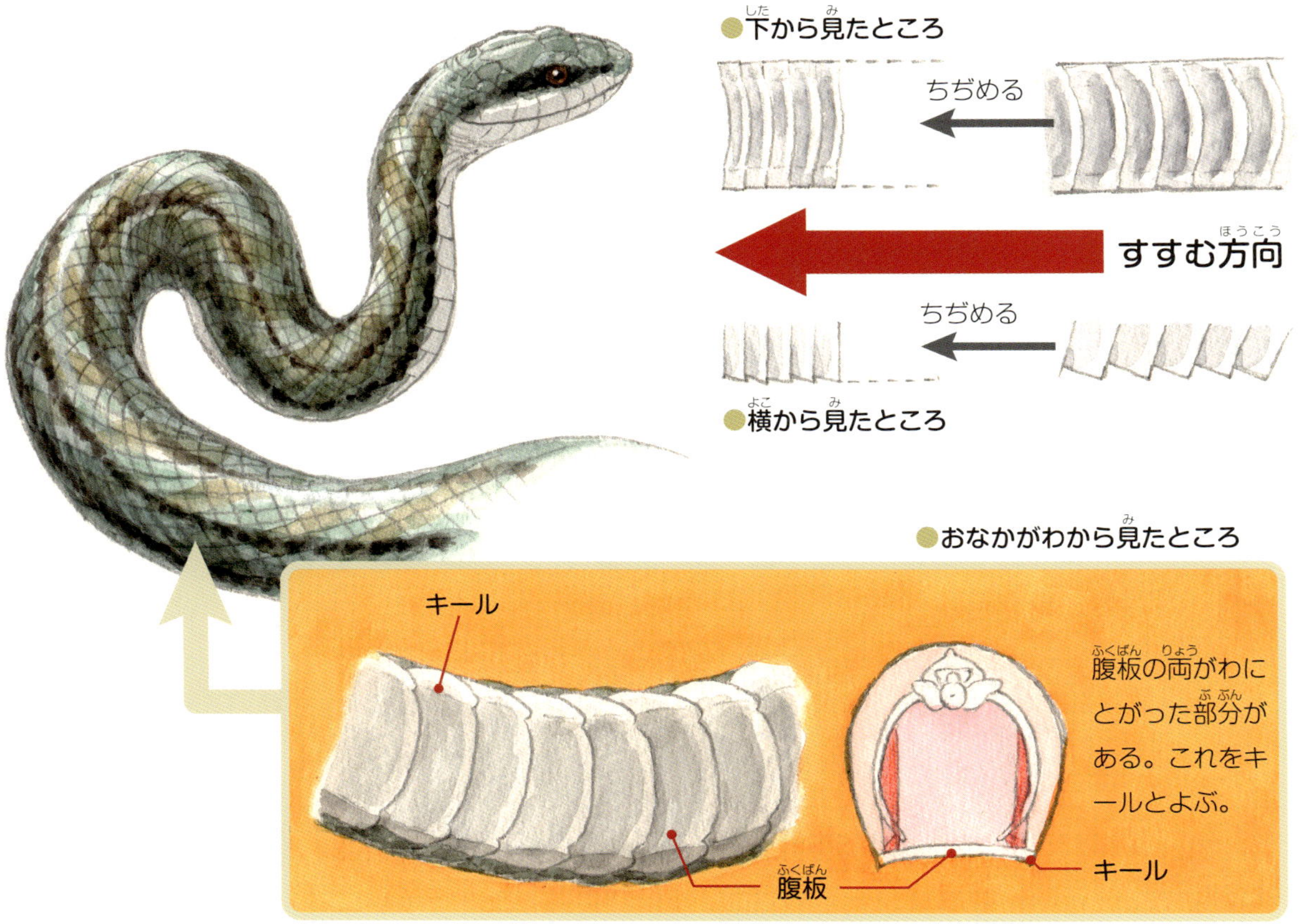
下《した》から見《み》たところ
ちぢめる
すすむ方向《ほうこう》
ちぢめる
横《よこ》から見《み》たところ
おなかがわから見《み》たところ
キール
腹板《ふくばん》の両《りょう》がわにとがった部分《ぶぶん》がある。これをキールとよぶ。
腹板《ふくばん》
キール

すばやく動《うご》くときには、体《からだ》をくねらせてキールがしっかり地面《じめん》にひっかかるようにする。

体全体《からだぜんたい》ですすむ

アオダイショウのはらにはうろこがきれいに重《かさ》なりながらならんでいる。うろこの両《りょう》がわにはキールというとがった部分《ぶぶん》がある。これを地面《じめん》や木《き》の幹《みき》にひっかけ、同《どう》時《じ》にうろこがならんだ皮《ひ》ふをのばしたりちぢめたりする動《うご》きをくりかえしてまえへすすむ。

ひろい場所《ばしょ》では、キールをしっかりと地面《じめん》につけられるように、はらをかたむけて体《からだ》を左右《さゆう》にくねらせる。岩《いわ》のすきまのようなせまい場所《ばしょ》なら、体《からだ》のあちこちのキールがまわりにあたるので、体《からだ》をまっすぐにしていてもすすむことができる。

ヘビの体《からだ》のつくりは、草《くさ》むらやせまいすきまで生活《せいかつ》するのにつごうよくできている。

●マムシ
ピット器官《きかん》（マムシや大《おお》きなヘビにあり、温度《おんど》を感《かん》じる）

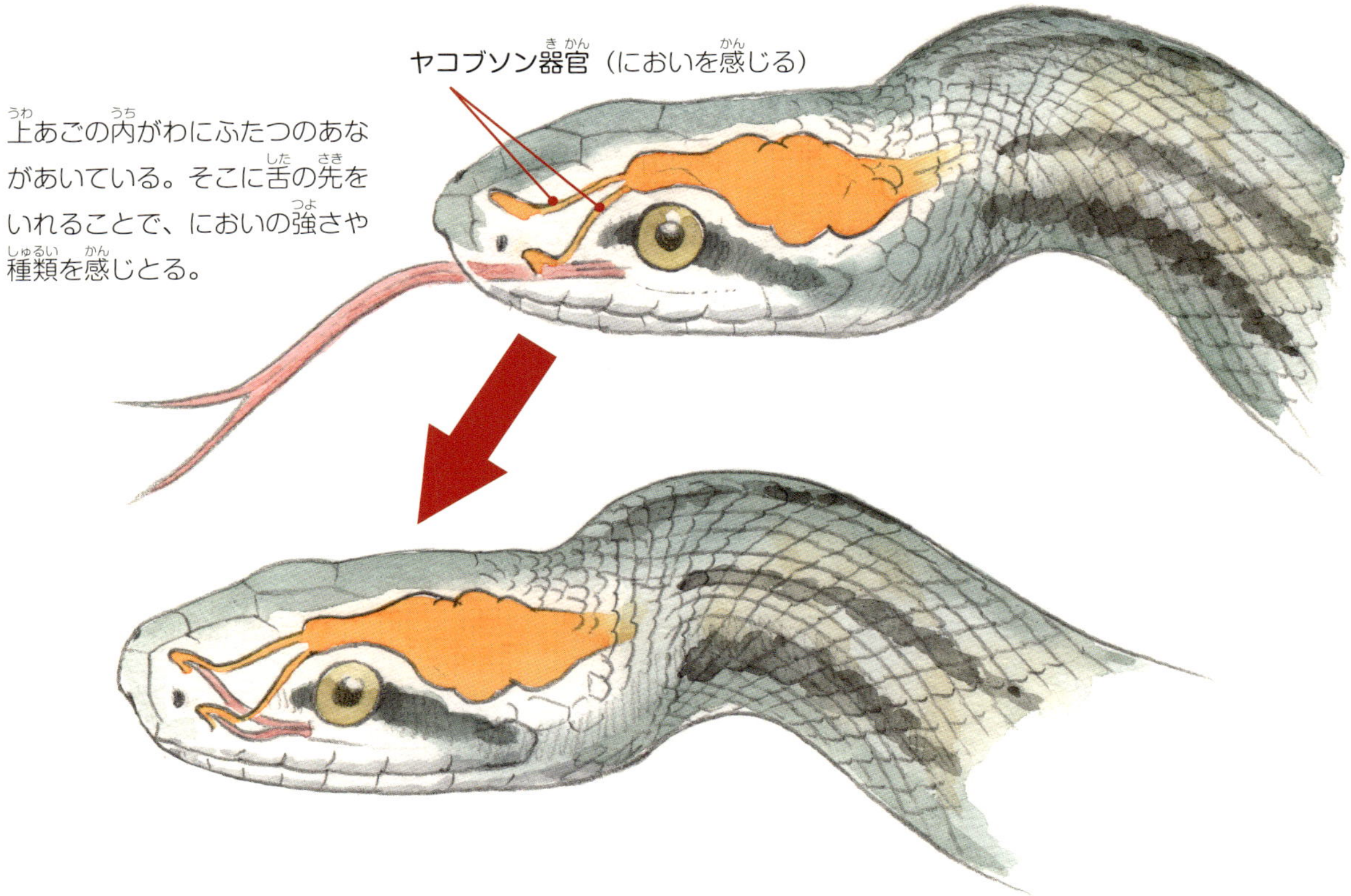
ヤコブソン器官《きかん》（においを感《かん》じる）
上《うわ》あごの内《うち》がわにふたつのあながあいている。そこに舌《した》の先《さき》をいれることで、においの強《つよ》さや種類《しゅるい》を感《かん》じとる。

えものを見《み》つける方法《ほうほう》

アオダイショウはいつも舌《した》をチロチロとだしている。ヘビの舌《した》は、先《さき》がふたつにわれていて、味《あじ》だけでなく、においを感《かん》じることもできる。ヘビは、舌《した》でとらえたにおいを口《くち》のなかにある特別《とくべつ》な部分《ぶぶん》におくる。これをなんどもくりかえし、においのもとが、どの方向《ほうこう》にあるのかを感《かん》じとる。においが強《つよ》くなれば近《ちか》くにいて、弱《よわ》くなれば遠《とお》ざかったことがわかる。

　アオダイショウは、えものや敵《てき》の気配《けはい》を、においのほかに地面《じめん》をつたわるわずかな動《うご》きからでも知《し》ることができる。まっ暗《くら》なすきまをするするとすすめるのも、こうした感覚《かんかく》がそなわっているからだ。そのかわり、目《め》は、鳥《とり》やほ乳類《にゅうるい》にくらべてあまりよくない。

ネズミをねらうアオダイショウ。

静《しず》かな家《いえ》の守《まも》り神《がみ》

アオダイショウはネズミをよく食《た》べる。ネズミの通《とお》り道《みち》にじっとまちかまえていて、ネズミが通《とお》ると、頭《あたま》をすばやくつきだし、するどい歯《は》でかみつく。大《おお》きなネズミなら、かみついたまままぐるぐるまきつく。アオダイショウの力《ちから》はとても強《つよ》いので、ネズミはぬけだすことができない。

むかし、家《いえ》の屋根《やね》うらや床下《ゆかした》には人間《にんげん》の食《た》べものをねらうネズミがたくさんすんでいた。ヘビはネズミを食《た》べるので、人《ひと》はヘビを家《いえ》からおいはらったりせず、神様《かみさま》のおつかいと考《かんが》えてたいせつにした。

現代《げんだい》の新《あたら》しい家《いえ》には、ヘビやネズミがはいりこむすきまが少《すく》ない。このため、家《いえ》のなかでヘビやネズミを見《み》かけることはほとんどない。

頭《あたま》の骨《ほね》

おなじは虫類《ちゅうるい》でも、トカゲやカメとヘビとでは、頭《あたま》の骨《ほね》のかたちがかなりちがっている。

トカゲの頭《あたま》の骨《ほね》

カメの頭《あたま》の骨《ほね》

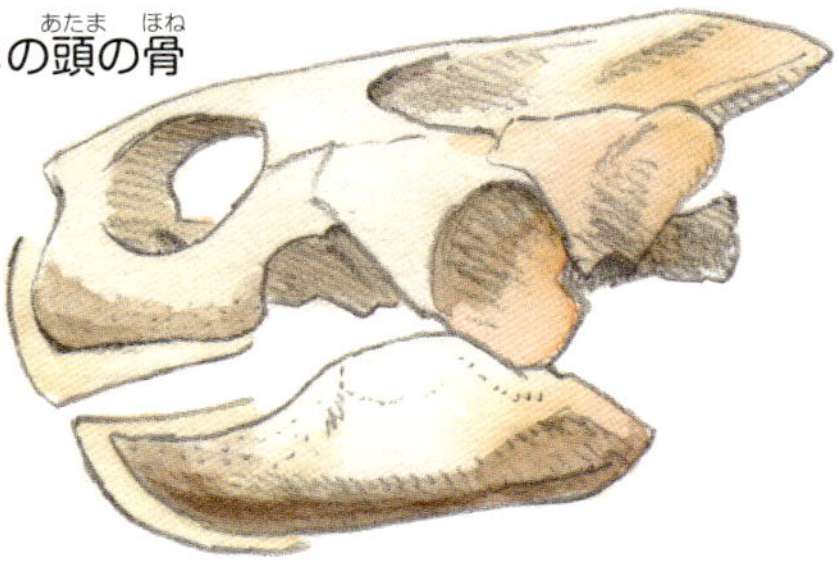

アオダイショウ

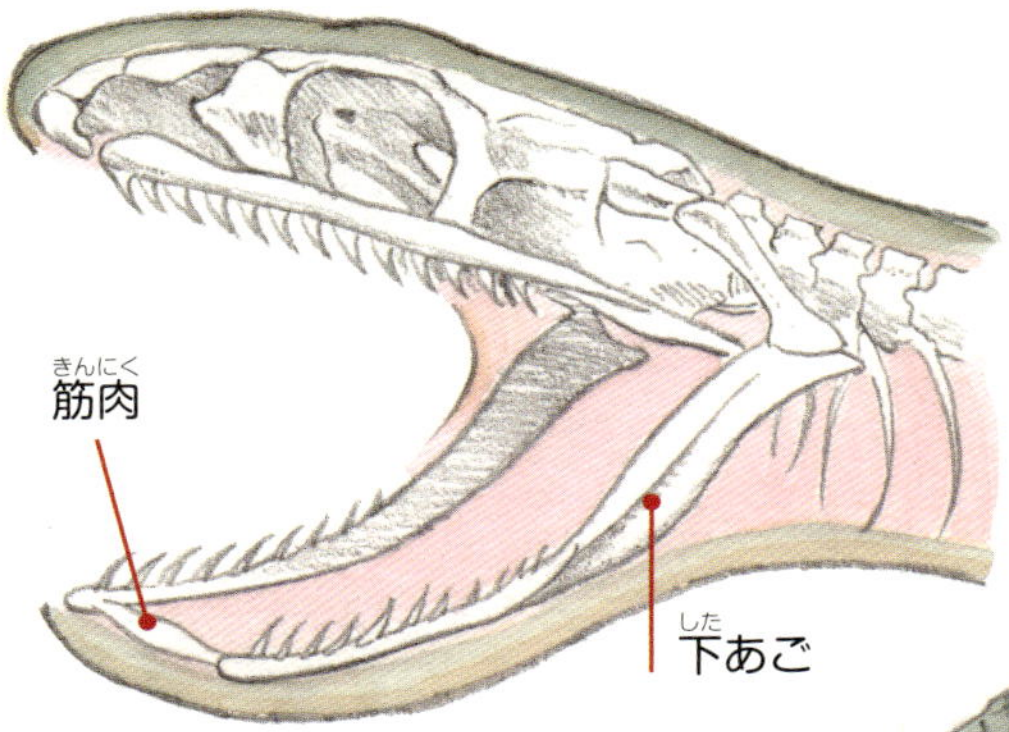

下《した》あごの骨《ほね》の先《さき》は左右《さゆう》がはなれていて、よくのびる筋肉《きんにく》でつながっている。アオダイショウが大《おお》きく口《くち》をあけることができるのは、このおかげだ。

アオダイショウのえもの

小鳥《ことり》のヒナ
（シジュウカラ）

ハツカネズミ

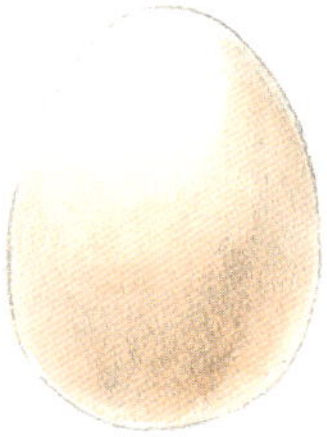

ニワトリの卵《たまご》

ヘビが卵《たまご》をのみこむところ。

卵《たまご》をのみこんだヘビ。

ヘビの食事《しょくじ》

アオダイショウは、ネズミのほか鳥《とり》の卵《たまご》やヒナ、カエル、トカゲ、小《ち》さなヘビまでいろいろ食《た》べる。ふしぎなことに自分《じぶん》の胴《どう》より太《ふと》いものをのみこむこともある。

ニワトリの卵《たまご》をのみこむときは、ゆっくりと顔《かお》を近《ちか》づけ、口《くち》をあけ、歯《は》をたてて、卵《たまご》をはさむ。頭全体《あたまぜんたい》でつつみこむように卵《たまご》をくわえると、あごの骨《ほね》が上下左右《じょうげさゆう》に大《おお》きくひろがる。卵《たまご》が完全《かんぜん》にのどのおくにはいると、卵《たまご》はわられて中身《なかみ》だけさらにすすみ、消化《しょうか》される。卵《たまご》のカラは、あとで口《くち》からはきだす。

大《おお》きなえものを食《た》べると、アオダイショウはしばらくじっと動《うご》かずに、ゆっくりと消化《しょうか》されるのをまつ。消化《しょうか》がおわるまで、つぎのえものを食《た》べることもない。

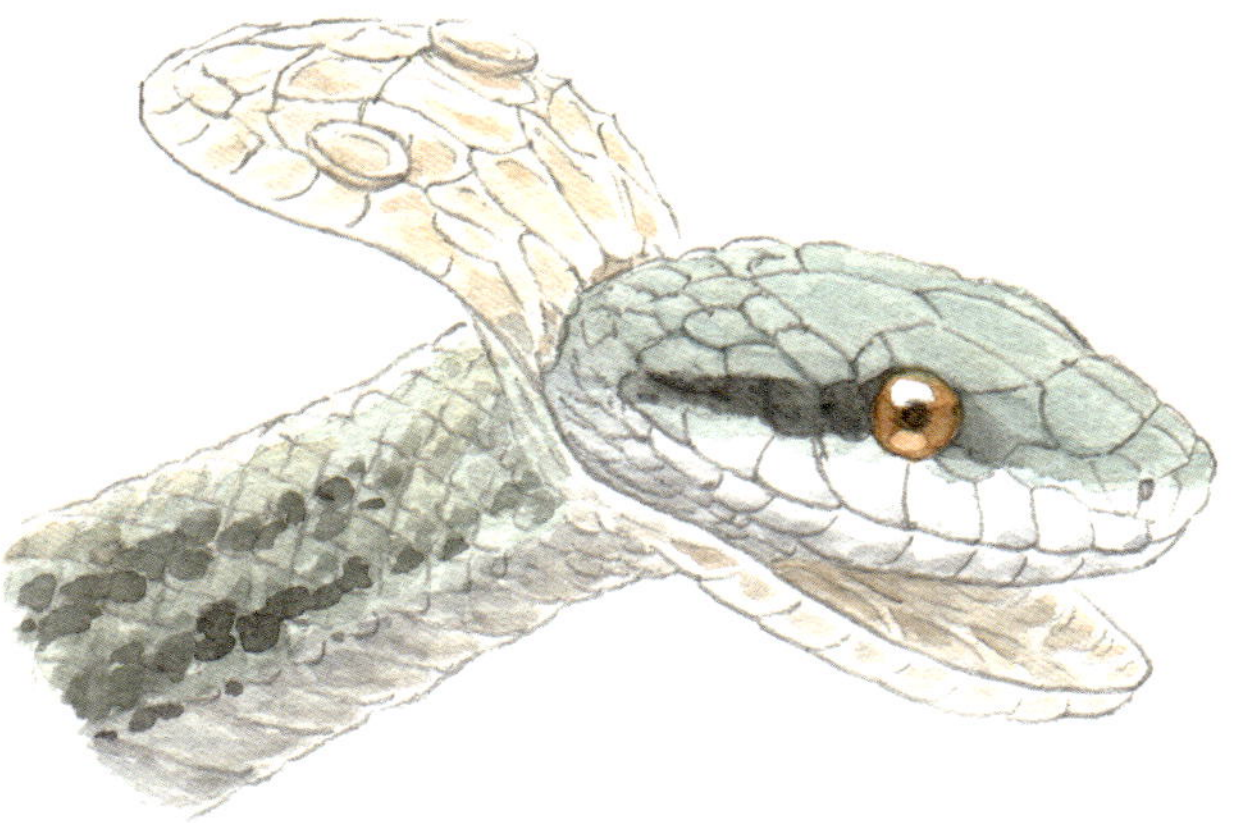

脱皮《だっぴ》するアオダイショウ（下《した》）と、脱皮《だっぴ》ガラ（左《ひだり》）。口《くち》のあたりから、ちょうどくつ下《した》をうらがえしでぬぐように脱皮《だっぴ》がはじまる。

マムシの成蛇《せいだ》

シマヘビの幼蛇《ようだ》

アオダイショウの幼蛇《ようだ》

脱皮《だっぴ》するヘビ

ヘビは年《ねん》に何回《なんかい》か脱皮《だっぴ》する。脱《だっ》皮《ぴ》とは古《ふる》い皮《ひ》ふをぬぎすてること。ぬいだカラにはうろこや目《め》のかたちがそのままのこる。脱皮《だっぴ》のまえはあまり動《うご》かず、なにも食《た》べなくなり、数日まえには目《め》が白《しろ》くにごってくる。口《くち》のあたりから脱皮《だっぴ》がはじまると、くつ下《した》をうらがえすように、ゆっくり全身《ぜんしん》の皮《ひ》ふをぬぐ。脱皮《だっぴ》がおわると、思《おも》いだしたようにまたえさを食《た》べはじめる。

ヘビやトカゲ、カエルなどは、生《い》きているあいだじゅう、脱皮《だっぴ》をする。トカゲやカナヘビは、ヘビのようにうろこのかたちがわかる脱皮《だっぴ》ガラはのこらず、古《ふる》い皮《ひ》ふが少《すこ》しずつはがれていく。カエルはうすく透明《とうめい》な古《ふる》い皮《ひ》ふがはがれると、すぐに自分《じぶん》で食《た》べてしまう。

ヘビの1年《ねん》

ヘビは、自分《じぶん》で体温《たいおん》をあげることができず、まわりの温度《おんど》がさがれば体温《たいおん》もさがってしまう。体温《たいおん》がさがると動《うご》きまわるための力《ちから》がでない。それはおなかのなかもおなじこと。食《た》べてもおなかがはたらかず、おなかをこわしてしまうので、さむいときは食《た》べられない。

春《はる》はひなたぼっこをしてから動《うご》くようになる。夏《なつ》になると夜《よる》でもあたたかいので、ヘビは、きけんが多《おお》くて地面《じめん》もあつすぎる昼間《ひるま》より、夜《よる》に動《うご》きまわることが多《おお》くなる。秋《あき》がきてすずしくなると、活《かつ》動時間《どうじかん》がだんだん短《みじか》くなる。

ひなたぼっこをしても動《うご》けなくなるほどさむくなる11月《がつ》くらいから冬眠《とうみん》をする。なにも食《た》べないまま、春《はる》がくるまで静《しず》かにねむる。

カメの甲羅《こうら》は、なにからできている？

ヘビのほか、は虫類《ちゅうるい》のなかまに、トカゲやワニ、そしてカメがいる。カメのうちクサガメやイシガメ、ミドリガメがペットショップで売《う》られているほか、外国産《がいこくさん》のリクガメも人気《にんき》があるし、水族館《すいぞくかん》ではウミガメ類《るい》を見《み》ることができる。

かたい甲羅《こうら》のもとは骨《ほね》

カメの大《おお》きなとくちょうである「甲羅《こうら》」は、ほかの動物《どうぶつ》にはないものだ。

敵《てき》におそわれそうになると、カメは甲羅《こうら》に首《くび》やあし、尾《お》もしまうことができる。ほ乳類《にゅうるい》のアルマジロもかたい体《からだ》で身《み》を守《まも》るが、首《くび》やあし、しっぽまでしまうことはできない。

甲羅《こうら》は、ろっ骨《こつ》や背骨《せぼね》が変化《へんか》して板《いた》のようになり、それをかたい皮《ひ》ふがおおっている。骨《ほね》のなかに頭《あたま》やあしなどがしまえるというのは、ほかの動物《どうぶつ》にはないとくちょうだ。

はやく走《はし》る動物《どうぶつ》は、身《み》がるで、あしが長《なが》いとか、体《からだ》がしなやかにまがるなどのとくちょうがあるが、カメの甲羅《こうら》はじょうぶなだけに重《おも》く、あしは短《みじか》く、体《からだ》をまげることはできない。このためカメの動《うご》きはおそい。ただし、ウミガメはひれになったあしではやくおよぐことができる。

カメは長生《ながい》きだ。大型《おおがた》のリクガメでは100年以上《ねんいじょう》生《い》きたという記録《きろく》がいくつもある。

外国《がいこく》からきたカメ

カメは世界《せかい》に300種《しゅ》ほどいる。日本《にほん》ではウミガメもふくめて10種《しゅ》くらいが、身近《みぢか》な川《かわ》や池《いけ》にすんでいたが、いまでは川《かわ》がコンクリートでかためられたり、河原《かわら》に公園《こうえん》やグラウンドなどがつくられたために、カメのすむ場所《ばしょ》が少《すく》なくなってしまった。

日本《にほん》のカメは少《すく》なくなったが、公園《こうえん》の池《いけ》や都《と》市《し》の川《かわ》などで、外国《がいこく》からきたアカミミガメが見《み》られるようになった。アカミミガメは、ペットのミドリガメが大《おお》きくなったものだ。

ミドリガメが大《おお》きくなってかいきれなくなり、池《いけ》や川《かわ》へはなす人《ひと》がいる。こうしたカメが野外《やがい》にはなされると、ほかの動植物《どうしょくぶつ》をふくめた自然《しぜん》のバランスがくずれてしまう。生《い》きものは責任《せきにん》をもって最後《さいご》までかうことがたいせつだ。

ミツオビアルマジロ

体《からだ》をまるめて身《み》を守《まも》る。

ミシシッピワニ

かたい皮《ひ》ふが全身《ぜんしん》を守《まも》る。

ニホンイシガメ

クサガメ

甲羅《こうら》のなかに手《て》あしをひっこめる。

だれかがかけた巣箱《すばこ》のなかにはいり、ほおの白《しろ》をちらつかせてメスに巣《す》あな候補《こうほ》を紹介《しょうかい》する、オスのシジュウカラ。
花嫁募集《はなよめぼしゅう》ちゅうの、オスのシジュウカラ。
ツバキのみつをすうメジロ。
北《きた》へかえるまえのツグミ。

冬《ふゆ》のおわりの鳥《とり》たち

冬《ふゆ》のおわり。公園《こうえん》へいくといろいろな鳥《とり》がいる。鳥《とり》は冬眠《とうみん》しないから、さむいなか、なんとか食《た》べものを見《み》つけて生《い》きている。2月《がつ》ごろは、ただでさえ少《すく》ない冬《ふゆ》の食《た》べものを食《た》べつくして、ほんとうにきびしい時期《じき》だ。冬《ふゆ》のはじめになっていた赤《あか》い木《き》の実《み》も、いまはひからびて茶色《ちゃいろ》い。そんな実《み》でも鳥《とり》たちは食《た》べている。芝《しば》の上《うえ》をツグミがはね歩《ある》き、虫《むし》やミミズをさがしている。ヒヨドリやメジロはツバキやウメのみつをすうために花《はな》がさいた木《き》にあつまっている。

ツピ、ツピ、ツピ、ツピ。

明《あか》るい声《こえ》がする。スズメくらいの大《おお》きさの、ほおの白《しろ》い小鳥《ことり》がいた。シジュウカラだ。少《すこ》し休《やす》んでは、またなきはじめる。

あなというあなを
のぞいてまわる。
ヒヨドリ
シジュウカラたちは、
とてもはいれそうに
もないあなでものぞ
かずにはいられない。

シジュウカラの春《はる》

シジュウカラは一年《いちねん》じゅう公園《こうえん》や雑木林《ぞうきばやし》にいる小鳥《ことり》。この声《こえ》でなくようになったのは、ひざしに春《はる》を感《かん》じたからだ。

べつの場所《ばしょ》では、2羽《わ》のシジュウカラが、木《き》のうろ（あな）をのぞいている。

シジュウカラは、冬《ふゆ》のあいだは10羽《わ》ぐらいの群《む》れでくらすが、2月《がつ》から3月《がつ》は1羽《わ》か2羽《わ》でいることが多《おお》くなる。群《む》れを解散《かいさん》して、オスとメス、結婚相手《けっこんあいて》をきめ、巣《す》をつくる場所《ばしょ》をさがしているのだ。

あちこちあなを見《み》てまわり、ほどよいあなを見《み》つけると、オスはそのなかにはいる。ほおの白《しろ》いところをちらちらと見《み》せて、メスの気《き》をひく。メスがそのあなを気《き》にいれば、そこに決定《けってい》だ。

シジュウカラ

3月《がつ》
4月《がつ》
あなのぞき（巣《す》をつくる場所《ばしょ》をさがす）
さえずり（とくに結婚《けっこん》をしていないオス）
せまいあなのなかに、10センチくらいのあつさにコケをしきつめる。
メスは、8日《ようか》から9日《ここのか》かけて1日《にち》に1個《こ》ずつ卵《たまご》をうむ。全部《ぜんぶ》うみおえてからあたためる。
卵《たまご》の大《おお》きさは約《やく》1.8センチ。

子《こ》そだてのスケジュール

シジュウカラは、あなのなかにしか巣《す》をつくらない。敵《てき》がはいってこないよう、そのいり口《ぐち》はせまいほうがいい。

ツピ、ツピ。

まだ相手《あいて》のいないわかいオスがさかんにないている。相手《あいて》がいるオスも、自分《じぶん》のなわばりにほかのオスがはいってこないようになくことがある。

4月《がつ》になると、メスは3日《みっか》から5日《いつか》ぐらいかけてあなにコケをはこび、おなかでおしつけてくぼみをつくる。最後《さいご》に動物《どうぶつ》の毛《け》や鳥《とり》の羽毛《うもう》をしいて、巣《す》は完成《かんせい》する。そのあいだ、オスはほかのオスからメスを守《まも》るようにメスのあとをついてまわる。そして、見《み》つけた虫《むし》をときどきメスにプレゼントする。

ヒナが小《ちい》さいうちは、メスはヒナをあたためるのが仕《し》事《ごと》。そのため、オスがえさをはこぶことが多《おお》い。

ヒナは9羽《わ》ぐらいが多《おお》い。

アオムシ・イモムシは、やわらかく、ジューシーで、栄養《えいよう》がたっぷり。虫《むし》たちは葉《は》っぱを食《た》べているから、植物《しょくぶつ》の栄養《えいよう》もはいっている。

イモムシで子《こ》そだて

巣《す》が完成《かんせい》すると、メスはすぐに卵《たまご》をうみはじめる。毎朝《まいあさ》1個《こ》ずつ全部《ぜんぶ》で8～9個《こ》の卵《たまご》をうむ。すべてうみおわった日《ひ》からメスは卵《たまご》をあたためはじめ、オスはメスの食《た》べものをはこんでくる。

12日《にち》くらいで卵《たまご》がかえる。メスはまだ羽毛《うもう》のはえていないヒナをあたため、オスがえさをはこぶ。ヒナがそだつとメスも虫《むし》をとりにでかけ、夫婦《ふうふ》そろって子《こ》そだてをする。ヒナのえさは、チョウやガの幼虫《ようちゅう》が多《おお》い。つまりイモムシだ。若葉《わかば》をたくさん食《た》べたイモムシは、やわらかくて栄養《えいよう》たっぷり。

運《うん》わるく敵《てき》に卵《たまご》やヒナがおそわれたら、親鳥《おやどり》はイモムシの季節《きせつ》がおわらないうちにいそいでべつの場所《ばしょ》に巣《す》をつくる。

元気《げんき》な親鳥《おやどり》はつづけて2回《かい》めの子《こ》そだてをはじめるが、7月《がつ》になると虫《むし》の幼虫《ようちゅう》はへっていき、あまり栄養《えいよう》のない虫《むし》がふえる。そのため、ヒナを多《おお》くそだてきれないので、2回《かい》めでは卵《たまご》は少《すく》なめにうむ。

巣《す》だちまで

巣《す》のなかのヒナは、きそいあうように虫《むし》をねだり、親鳥《おやどり》はいちばんおなかがへっていそうなヒナに虫《むし》をあたえる。1羽《わ》のヒナは、毎《まい》日《にち》30匹《びき》ぐらいのえさをもらう。夫《ふ》婦《ふ》が虫《むし》をはこぶ回数《かいすう》は200回《かい》以上《じょう》。イモムシのほかにクモやガの成虫《せいちゅう》などもはこぶ。親鳥《おやどり》は大《おお》きい虫《むし》をヒナにあたえ、自分《じぶん》はそれより小《ちい》さい虫《むし》しか食《た》べない。

20日《はつか》ぐらいすると、ヒナのつばさのはねがはえそろう。1羽《わ》が巣《す》あなをとびだすとつぎつぎに巣《す》だっていく。巣《す》だつと巣《す》にはもどらない。でも、ヒナはまだ自分《じぶん》で虫《むし》をつかまえることができず、親鳥《おやどり》が虫《むし》をはこぶ。家族《かぞく》ですごすこの10日《とおか》から1か月《げつ》のあいだに、ヒナたちはイモムシのとりかたを学《まな》ぶ。

アオムシたちは、やがてめだたないところでサナギになり、チョウやガになっていく。

ガは、昼間《ひるま》はかくれているが、見《み》つかってシジュウカラのえさになることがある。また、とんでいるチョウがえさになることもあるが、どちらの場合《ばあい》も、幼虫《ようちゅう》ほど栄養《えいよう》はない。

真夏《まなつ》の虫《むし》は、カラが多《おお》くて栄養《えいよう》が少《すく》ない。

巣《す》だっても、しばらくは親《おや》からえさをもらう。強《つよ》く生《い》きのこるためには、まだまだ大《おお》きくならなければならない。

真夏《まなつ》のきびしさ

2回《かい》めの子《こ》そだてでは、親鳥《おやどり》は5〜6個《こ》しか卵《たまご》をうまない。6月《がつ》から7月《がつ》にかけて、イモムシはサナギになり、成虫《せいちゅう》になる。イモムシは肉《にく》が多《おお》いが、チョウやガになると身《み》が細《ほそ》くてかるい。成虫《せいちゅう》は、カラばかりかたくて、中身《なかみ》はあまりない。

シジュウカラにとっていちばん栄養《えいよう》のある食《た》べものがへってしまうので、たくさんのヒナをそだてることはできない。たとえ巣《す》だつことができても、ふつうより小《ちい》さいヒナは長《なが》く生《い》きのこることができない。少《すく》ないヒナにたくさん食《た》べさせ、しっかりそだてるのだ。

おなじ虫《むし》なのにごちそうではなくなってしまう真夏《まなつ》は、小鳥《ことり》たちにとって、意外《いがい》にきびしい季節《きせつ》だ。

シジュウカラと群《む》れになる鳥《とり》たち

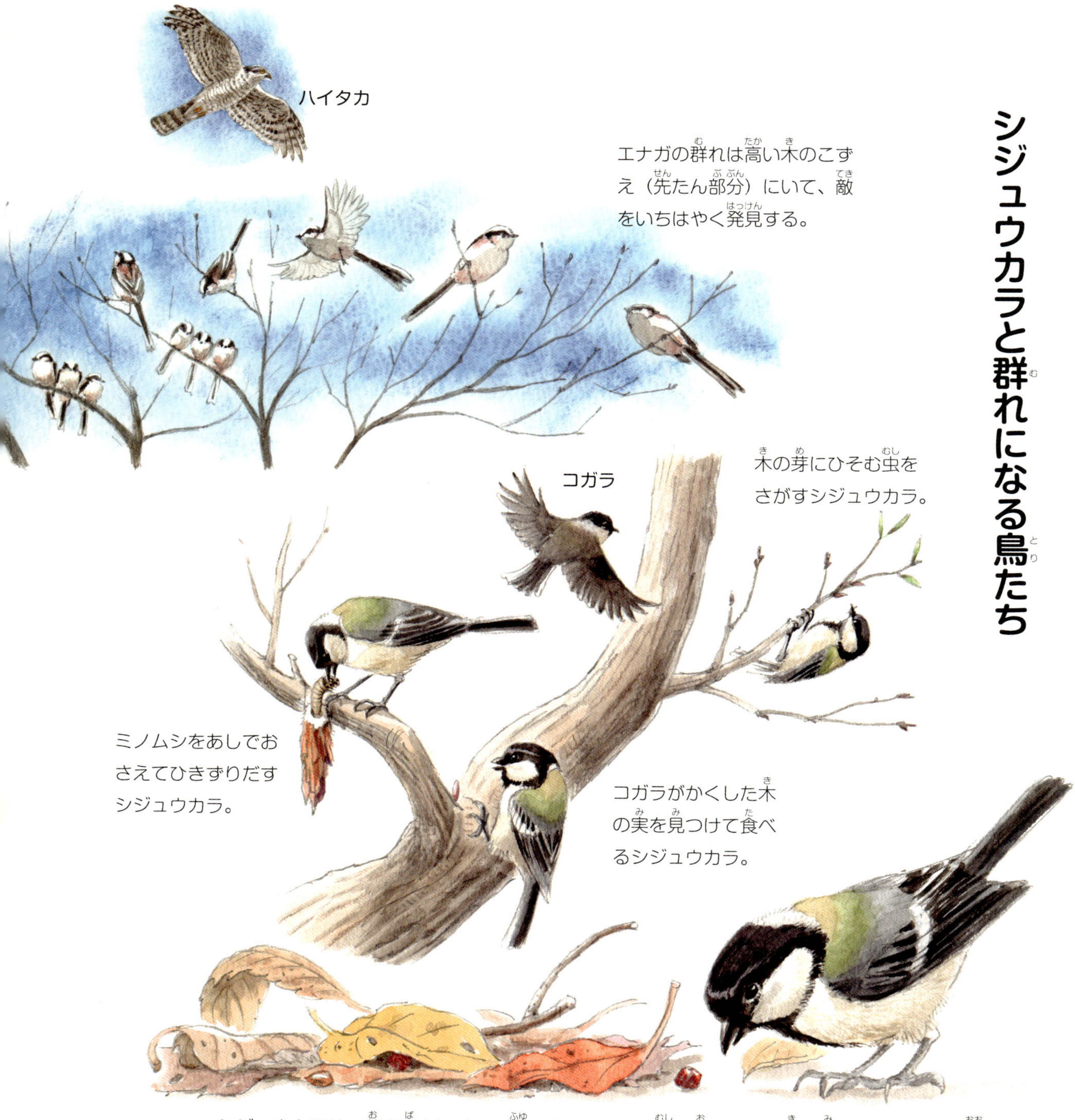
ハイタカ
エナガの群《む》れは高《たか》い木《き》のこずえ（先《せん》たん部分《ぶぶん》）にいて、敵《てき》をいちはやく発見《はっけん》する。
コガラ
木《き》の芽《め》にひそむ虫《むし》をさがすシジュウカラ。
ミノムシをあしでおさえてひきずりだすシジュウカラ。
コガラがかくした木《き》の実《み》を見《み》つけて食《た》べるシジュウカラ。

シジュウカラは、落《お》ち葉《ば》をめくって冬《ふゆ》ごもりちゅうの虫《むし》や落《お》ちている木《き》の実《み》をさがすことも多《おお》い。

秋《あき》のシジュウカラ

秋《あき》になり、シジュウカラの世界《せかい》では、冬《ふゆ》の群《む》れのメンバーがきまった。リーダーは、その林《はやし》で子そだてをしたおとなのオスとメス。こどもたちはどこかへいってしまったが、かわりによその場所《ばしょ》でうまれた若者《わかもの》たちがやってきて、なかまになった。若者《わかもの》たちは、その場所《ばしょ》をよく知《し》っているリーダーのオスとメスについてまわる。全部《ぜんぶ》で10羽《わ》ほど。これがひと冬《ふゆ》をともにすごす群《む》れのなかまだ。

シジュウカラは、木《き》の枝《えだ》、幹《みき》のすきま、根《ね》もとのあな、落《お》ち葉《ば》の下《した》などに虫《むし》がいることを知《し》っていて、冬《ふゆ》ごもりしている虫《むし》もうまく見《み》つけだす。若者《わかもの》たちも、経験《けいけん》ゆたかな2羽《わ》がやることをまねして虫《むし》を見《み》つけだす。

針葉樹《しんようじゅ》（モミやスギなど）がすきなヒガラ。

木《き》の皮《かわ》のすきまに実《み》をはさんでつついて食《た》べるゴジュウカラ。

かれ枝《えだ》をつつきこわして虫《むし》をさがすコゲラ。

かたい木《き》の実《み》（シイの実《み》など）をあしではさんでつつき、くだきながら食《た》べるヤマガラ。かくしてたくわえることも。

冬《ふゆ》のなかま

しんとした冬《ふゆ》の木立《こだち》。きこえてくるのは小鳥《ことり》たちのつぶやきだ。シジュウカラの群《む》れかとおもったが、よく見《み》るとほかの鳥《とり》もまじっている。群《む》れの先頭《せんとう》、しっぽの長《なが》い小鳥《ことり》はエナガ。木《き》の幹《みき》をたたいているのは、小《ちい》さなキツツキのコゲラ。冬《ふゆ》でも緑《みどり》が多《おお》い林《はやし》にいるヤマガラは、木《き》の実《み》をコツコツわっている。

シジュウカラが、ヤマガラがかくした木《き》の実《み》を見《み》つけた。

高《たか》い枝《えだ》にとまっていたエナガが声《こえ》をあげると、シジュウカラやヤマガラがやぶにとびこんだ。空《そら》を1羽《わ》のハイタカが通《とお》りすぎる。エナガが敵《てき》を先《さき》に見《み》つけたのだ。ちがう種類《しゅるい》の鳥《とり》たちがまじった小鳥《ことり》の群《む》れが、にぎやかにすぎていく。

第《だい》2章《しょう》

動物《どうぶつ》のくらす場所《ばしょ》について

この章《しょう》に登場《とうじょう》する動物《どうぶつ》　メダカ　ヒキガエル　モグラ

日本列島《にほんれっとう》は、夏《なつ》でもすずしい北海道《ほっかいどう》から冬《ふゆ》でもあたたかい沖縄《おきなわ》まで、南北《なんぼく》に長《なが》い。
火山《かざん》が多《おお》いために高《たか》い山《やま》も多《おお》く、地形《ちけい》がけわしい。
雨《あめ》がよくふるので、川《かわ》や湖《みずうみ》もたくさんある。
そのため、動物《どうぶつ》にとってもさまざまなすみ場所《ばしょ》がある。
そのすべてを紹介《しょうかい》することはできないが、この章《しょう》では、
一生《いっしょう》を水《みず》のなかでくらすメダカ、
卵《たまご》とこどものときは水《みず》のなかで、大《おお》きくなると陸《りく》にあがってくらすヒキガエル、
そのほとんどを土《つち》のなかで生《い》きていくモグラをとりあげて、
動物《どうぶつ》にとってのくらす場所《ばしょ》を紹介《しょうかい》する。

田《た》んぼには、メダカやドジョウなどの魚《さかな》のなかま、アメンボやゲンゴロウなどの昆虫《こんちゅう》のなかま、マルタニシやカワニナなどの貝《かい》のなかまなど、さまざまな生《い》きものがくらしている。

春《はる》〜夏《なつ》　里山《さとやま》の田《た》んぼ

里山《さとやま》に春《はる》がきた。田《た》んぼには、米《こめ》をつくるために川《かわ》から水路《すいろ》で水《みず》がひかれた。イネのなえを植《う》える「田植《たう》え」がおこなわれている。田《た》んぼのなかをのぞくと、ドジョウ、ゲンゴロウ、ヤゴ、タニシなど、小《ちい》さな生《い》きものが、あちこちでうごめいている。ときおり水面《すいめん》を波《なみ》だたせながら、小《ちい》さな魚《さかな》の群《む》れが、いったりきたりしている。「めだかの学校《がっこう》」の歌《うた》にもなったメダカ（ミナミメダカ）だ。

メダカは、田植《たう》えがはじまる5月《がつ》ころに、まわりの小川《おがわ》や水路《すいろ》から田《た》んぼのなかへはいってくる。そして、ミジンコなどの小《ちい》さな生《い》きものを食《た》べて大《おお》きくなる。あたたかいところがすきなメダカにとって、田《た》んぼはとてもすみやすい。

田《た》んぼの生《い》きもの
アメンボ
ゲンゴロウ
ドジョウ
マルタニシ
イネがのびている田《た》んぼ
卵《たまご》
オス
メス
卵《たまご》
水草《みずくさ》に卵《たまご》をうむメダカ。

メダカの産卵《さんらん》と成長《せいちょう》

6月《がつ》になって、里山《さとやま》の田《た》んぼも水《みず》の温度《おんど》が20度《ど》をこえた。よく見《み》ると、おしりに卵《たまご》をぶらさげているメダカのメスがおよいでいる。岸《きし》に近《ちか》づき、水草《みずくさ》や水中《すいちゅう》にのびた植物《しょくぶつ》の根《ね》に卵《たまご》をつけた。

卵《たまご》からかえった赤《あか》ちゃん(稚魚《ちぎょ》)は、まるで糸《いと》くずのように小《ちい》さいが、田《た》んぼにはえさが多《おお》く、また水《みず》もあたたかいので、すくすく大《おお》きくなる。

田《た》んぼにはメダカの敵《てき》も多《おお》い。大《おお》きな魚《さかな》にぱくりと食《た》べられてしまったり、水草《みずくさ》にかくれていたヤゴの大《おお》きなあごにつかまってしまったりする稚魚《ちぎょ》もいる。生《い》きのこったメダカは、夏《なつ》がおわるころには、親《おや》と見《み》わけがつかないほど大《おお》きくなる。

水面近《すいめんちか》くで群《む》れる赤《あか》ちゃん。
大《おお》きくなると
川《かわ》や池《いけ》へ。
えさのプランクトン
ミジンコ
ミドリムシ
ミナミメダカが田《た》
んぼにやってくる。
メダカの動《うご》き
田《た》んぼの水草《みずくさ》に
卵《たまご》をうむ。
イネ
ミナミメダカ
（ふだんは水面近《すいめんちか》くにいる）
水草《みずくさ》
卵《たまご》の拡大図《かくだいず》

メダカとは

メダカはとても小《ちい》さい川魚《かわざかな》だが、田《た》んぼや小川《おがわ》のあさいところに群《む》れているのでよくめだつ。

メダカのすみかは、田《た》んぼとそのまわりの水路《すいろ》やため池《いけ》などだ。体《からだ》が小《ちい》さく、およぐ力《ちから》が弱《よわ》いので、ながれがはやいところにはいない。フナやドジョウは底《そこ》のほうにいるが、メダカは水面近《すいめんちか》くにじっとしている。そして上《うえ》のほうにあるえさをさがす。そのため、目《め》が頭《あたま》の高《たか》いところについているので、メダカ（目高《めだか》）とよばれる。

メダカは夏《なつ》のはじめから卵《たまご》をうみはじめ、一度《いちど》に30個《こ》ほどを水草《みずくさ》などにうむ。水《みず》があたたかいと毎《まい》日《にち》のように卵《たまご》をうむ。10日《とおか》ほどで卵《たまご》からかえり、１００日《にち》もすると、親《おや》とほぼおなじ大《おお》きさになる。

日本《にほん》のメダカ

背《せ》びれ
ミナミメダカは切《き》れこみが大《おお》きい。
ミナミメダカのオス
キタノメダカのほうが
体《からだ》の色《いろ》が黒《くろ》っぽい。
キタノメダカのオス

外国《がいこく》のおもなメダカ

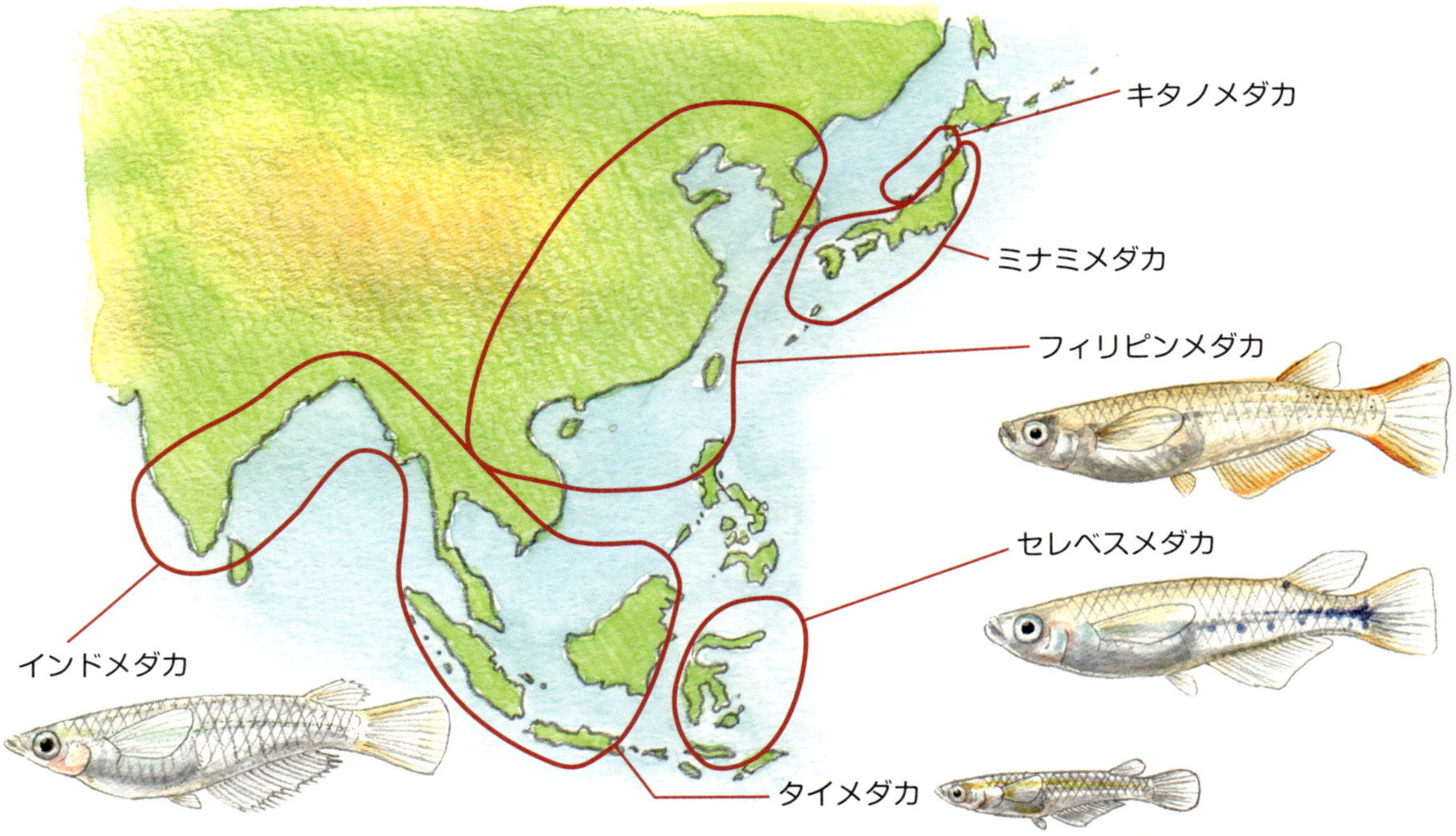
キタノメダカ
ミナミメダカ
フィリピンメダカ
セレベスメダカ
インドメダカ
タイメダカ

メダカのなかま

もともと日本《にほん》のメダカは1種《しゅ》だと考《かんが》えられていたが、研究《けんきゅう》がすすんで、キタノメダカとミナミメダカの2種《しゅ》にわけられることになった。キタノメダカは、東日本《ひがしにほん》から北陸《ほくりく》の日本海《にほんかい》がわにいる。ミナミメダカは、それ以外《いがい》の南西日本《なんせいにほん》にいる。よくにているが、体《からだ》の色《いろ》や、背《せ》びれ、しりびれなどにちがいがある。

メダカのなかまはアジアのたくさんの国《くに》にいて、ほとんどがあたたかいところにすんでおり、日本《にほん》のメダカがもっとも北《きた》のさむい場所《ばしょ》にすんでいる。

メダカは田《た》んぼにすんでいるので、むかしから人《ひと》とのかかわりがふかい。メザカやウロリなど地方《ちほう》によってさまざまなよび名《な》がある。

メダカがすみにくい田《た》んぼ

コンクリートのまっすぐな水路《すいろ》
ながれがはやくなる。
段差《だんさ》
メダカがのぼれない。

農薬《のうやく》をまく。

メダカがすみやすい田《た》んぼ

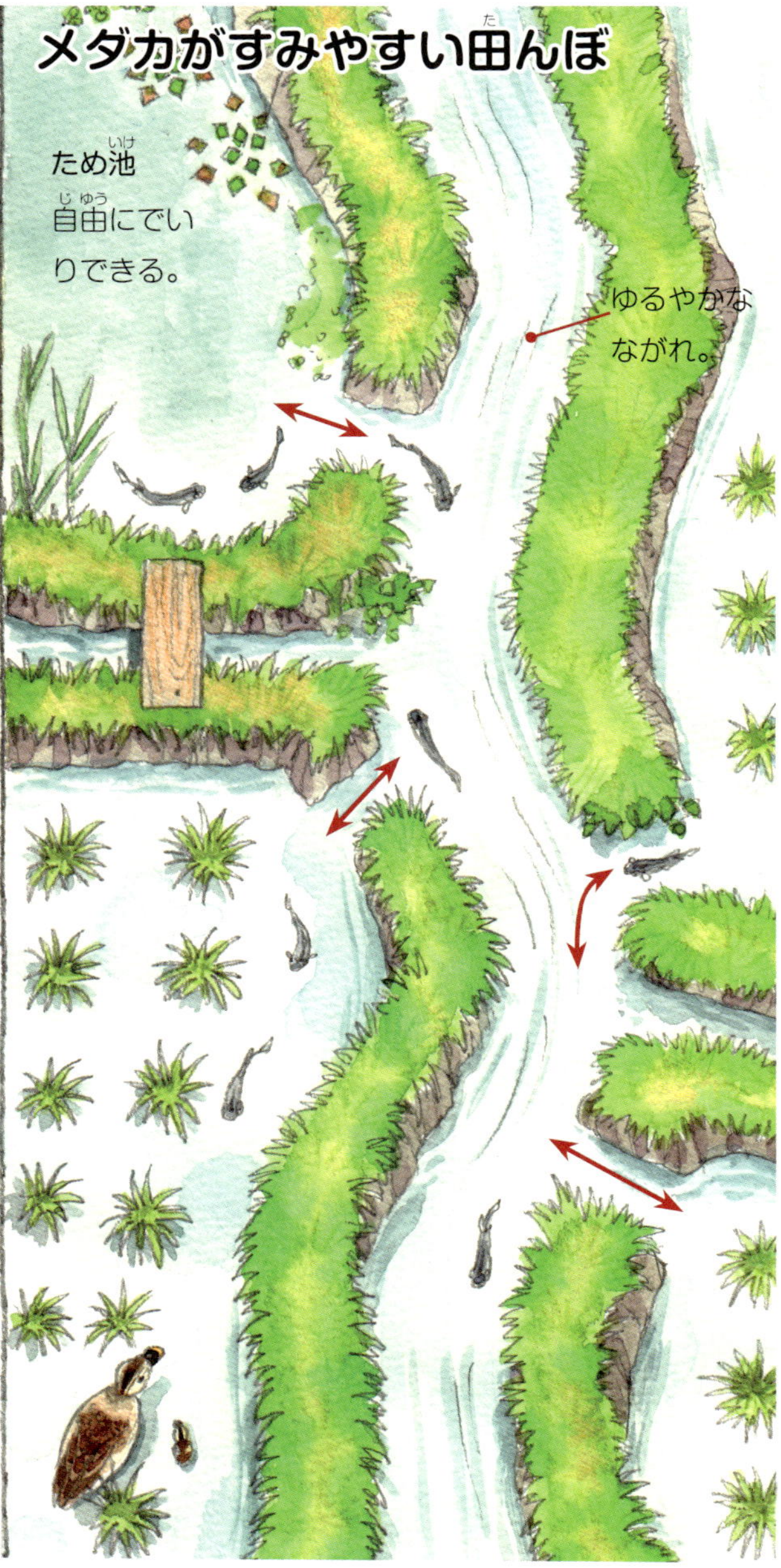
ため池《いけ》
自由《じゆう》にでいりできる。
ゆるやかなながれ。

メダカがあぶない

キタノメダカもミナミメダカも数《かず》が少《すく》なくなっていて、国《くに》の絶滅《ぜつめつ》危惧種《きぐしゅ》（このまま数《かず》がへってしまうと、いなくなってしまう魚《さかな》）になってしまった。

メダカがすんでいた水路《すいろ》は、いまでは人《ひと》が管理《かんり》しやすいようにコンクリートでかためられて、水《みず》のながれがはやくなってしまった。

メダカは、春《はる》から夏《なつ》は田《た》んぼにすんでいる。秋《あき》から冬《ふゆ》には田《た》んぼに水《みず》がなくなるので、小川《おがわ》や池《いけ》へとすむ場所《ばしょ》をかえる。コンクリートの水路《すいろ》には田《た》んぼとの段差《だんさ》があって、小川《おがわ》や池《いけ》にうつりにくい。

また、田《た》んぼでは農薬《のうやく》を使用《しよう》するため、たくさんまかれるとメダカも死《し》んでしまう。

●カダヤシ　外国《がいこく》からきたカダヤシは、ふえる力《ちから》が強《つよ》く、おなじ場所《ばしょ》にすむメダカをおいはらってしまう。

●アメリカザリガニ

オス

メス

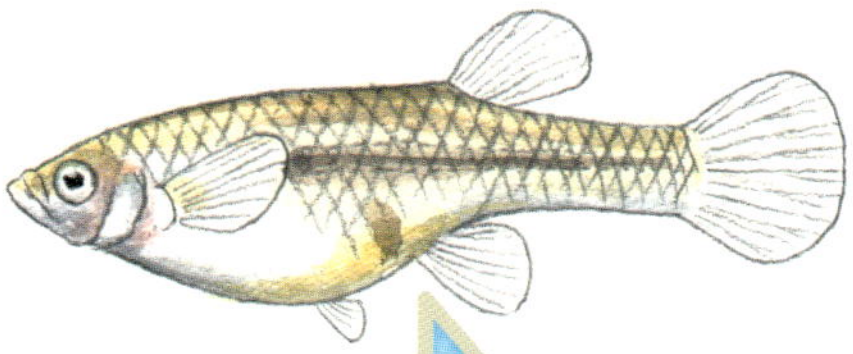

メダカは卵《たまご》をうむが、カダヤシは赤《あか》ちゃんをうむ。

メダカをとらえたアメリカザリガニ。

水草《みずくさ》を切《き》ったり食《た》べたりするアメリカザリガニ。

外国《がいこく》からの侵入者《しんにゅうしゃ》

外国《がいこく》からはいったカダヤシやアメリカザリガニも、メダカをへらしている。

カダヤシは、アメリカからきたメダカのなかま。日本《にほん》のメダカとすむところがおなじで、食《た》べものもおなじだ。このため、メダカとえさをとりあう。

カダヤシは卵《たまご》ではなく、赤《あか》ちゃんをうむ。卵《たまご》のときに食《た》べられてしまうこともなく、卵《たまご》をうみつける水草《みずくさ》などがいらないため、メダカよりもいろいろな場所《ばしょ》でふえている。

アメリカザリガニは、メダカをつかまえて食《た》べる。そのうえ、メダカが卵《たまご》をうむ水草《みずくさ》も食《た》べるので、メダカは少《すこ》しずつへってしまった。

イネかりしたあとの田《た》んぼ
田《た》んぼから水《みず》がなくなる秋《あき》から冬《ふゆ》、大《おお》きくなったメダカは大《おお》きな群《む》れとなって、川《かわ》や池《いけ》へと動《うご》く。
大《おお》きくなったメダカ。

秋《あき》〜冬《ふゆ》 メダカのひっこし

秋《あき》になり、みのりの季節《きせつ》をむかえた田《た》んぼは、金色《きんいろ》になったイネにそまっている。夏《なつ》のはじめにうまれたメダカの赤《あか》ちゃんは、ほとんど親《おや》とおなじすがたになった。

イネかりがはじまるころには、大《おお》きな群《む》れとなって、まわりの水《すい》路《ろ》や川《かわ》へとひっこしはじめた。

夏《なつ》のあいだはあふれるほどの水《みず》がみち、多《おお》くの生《い》きものでにぎわっていた田《た》んぼや水路《すいろ》の水《みず》はぬかれ、生《い》きものたちは、ほとんどいなくなってしまった。

冬《ふゆ》になると、小川《おがわ》や水路《すいろ》の水《みず》はつめたくなる。メダカの群《む》れは、わき水《みず》のある川《かわ》や池《いけ》、落《お》ち葉《ば》がつもったふかいふちなど、あまりつめたくないところへと動《うご》く。

冬《ふゆ》、メダカたちは、わき水《みず》などの水《みず》がつめたくないところに群《む》れとなって冬《ふゆ》をこす。

冬《ふゆ》をこすメダカ

里山《さとやま》のあちこちが雪《ゆき》で白《しろ》くなっている。メダカの群《む》れは、わき水《みず》のでている場所《ばしょ》にあつまって、さむそうにじっとしている。

メダカのなかまは、冬《ふゆ》のさむいところはにがてだ。川《かわ》がこおったり、水《みず》のつめたい日《ひ》が長《なが》くつづくと、死《し》んでしまうこともある。冬《ふゆ》のあいだは、水《みず》がぬるむ昼間《ひるま》にだけ動《うご》いて、力《ちから》をたくわえている。

日本《にほん》の人《ひと》びとはゆたかな水《みず》を利《り》用《よう》して田《た》んぼを開《ひら》き、米《こめ》づくりをおこなってきた。このところ、メダカがくらしていた田《た》んぼが、だんだんへってきている。田《た》んぼがなくなると、そのまわりの環境《かんきょう》もかわる。メダカにとってもさまざまな生《い》きものにとっても、すみにくい場所《ばしょ》になってしまう。

早春《そうしゅん》　水辺《みずべ》へ

本格的《ほんかくてき》な春《はる》はもう少《すこ》し先《さき》だが、ヒキガエルにはいかなくてはならない場所《ばしょ》がある。自分《じぶん》がうまれた水辺《みずべ》だ。日《ひ》がかたむいて、やみ夜《よ》がちかづいてくるころ、ヒキガエルは斜面《しゃめん》をおりる。ジャンプはとくいではないけれど、歩《ある》くのなら一日《いちにち》じゅうでもかまわない。ゆっくりと確実《かくじつ》に、水辺《みずべ》へと歩《ある》く。

うまれた水辺《みずべ》への道《みち》すじは、鼻《はな》がおぼえている。まっ暗《くら》やみでもかまわない。土《つち》のにおい、木々《きぎ》のにおい、そして水《みず》のにおい。においの順番《じゅんばん》をたどって、その水辺《みずべ》へとやってくる。

ぶじに卵《たまご》をうみおえると、カエルはまた森《もり》のなかへとかえっていく。そして、本格的《ほんかくてき》な春《はる》がくるまで、もうひとねむりする。

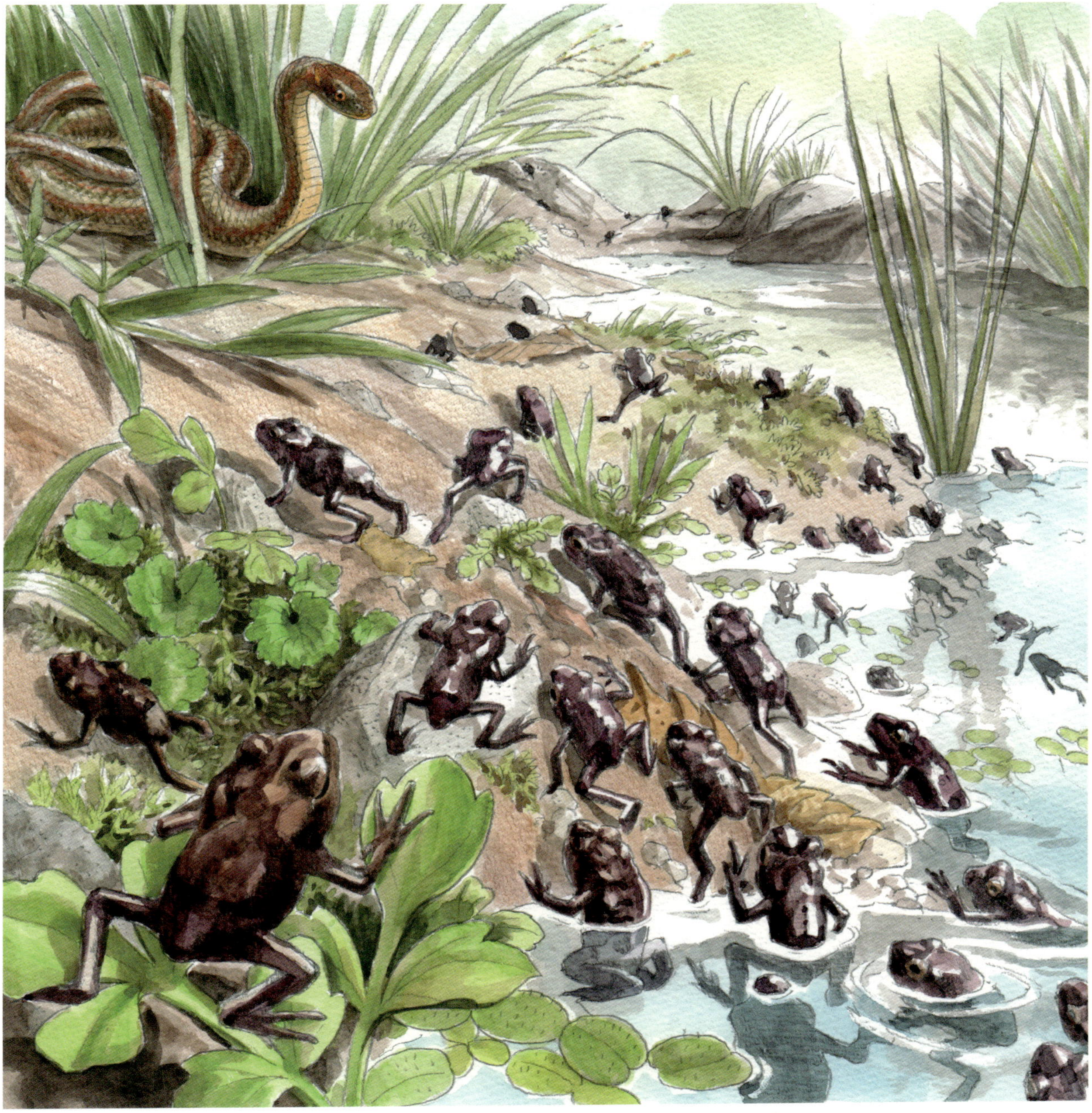

春《はる》～夏《なつ》　水《みず》から陸《りく》へ

ヒキガエルは水《みず》のなかで卵《たまご》をうむ。１匹《ぴき》のメスがうむ卵《たまご》は数千個《すうせんこ》。細長《ほそなが》いゼリーにつつまれた卵《たまご》は、２週間《しゅうかん》ほどでかえり、オタマジャクシのかたちになる。

オタマジャクシは、あまり大《おお》きくならないまま、１か月以上《げついじょう》を水《みず》のなかで群《む》れてすごす。そのうち、うしろあしがでて、それからまえあしがでてくる。少《すこ》しカエルらしくなっても、陸《りく》にあがるときは、親《おや》ガエルのどっしりとした大《おお》きさからは想像《そうぞう》できないほど小《ち》さい。

このままぶじにそだてば、冬《ふゆ》をむかえるころにはニワトリの卵《たまご》くらいの大《おお》きさになる。しかし、陸《りく》上《じょう》にはあぶないことがたくさんある。きけんをのりこえることができる子《こ》ガエルは、ほんのわずかだ。

トノサマガエル
一生《いっしょう》を田《た》んぼのまわりですごす。

ヒキガエル
森《もり》のなかの地面《じめん》を、
のしのしと歩《ある》きまわる。

トノサマガエル

ヒキガエル

アマガエルの指《ゆび》
（まえあし）

ヒキガエルの指《ゆび》
（まえあし）

アマガエルの指《ゆび》の先《さき》には、吸盤《きゅうばん》がある。

指《ゆび》に吸盤《きゅうばん》をもつアマガエルは、木《き》のぼりがとくい。卵《たまご》をうむときは田《た》んぼにいるが、それ以外《いがい》は陸《りく》の上《うえ》でくらす。

木《き》の葉《は》の上《うえ》にとまるアマガエル

陸《りく》のカエル

一生《いっしょう》を水《みず》のなかでくらすカエルは、あまり多《おお》くない。ヒキガエルのなかまは、オタマジャクシからカエルに成長《せいちょう》すると、ほとんど水《みず》にはいらない。

ヒキガエルは、日本《にほん》にいる野生《やせい》のカエルのなかではもっとも大《おお》きい。おとなの握《にぎ》りこぶしくらいの体《からだ》に、太《ふと》くて短《みじか》いあしと大《おお》きな口《くち》をもつ。カエルがとくいなはずのジャンプがにがてだ。トノサマガエルは自分《じぶん》の体《からだ》の10倍《ばい》ものきょりをジャンプできるのに、ヒキガエルはせいぜい2～3倍《ばい》。

草《くさ》や木《き》の葉《は》の上《うえ》にいるアマガエルは、指《ゆび》に吸盤《きゅうばん》があり、体《からだ》は緑色《みどりいろ》だ。地面《じめん》の上《うえ》でくらすヒキガエルは、茶色《ちゃいろ》っぽく、指《ゆび》に吸盤《きゅうばん》らしいものはない。

ひものようにつながった、
卵《たまご》のかたまり。
2週間《しゅうかん》ちょっとでオタマジャクシになる。
10日《とおか》ほどで背骨《せぼね》などができてくる。
卵《たまご》
1か月《げつ》から2か月《げつ》でまえあしがでる。
陸《りく》にあがった子《こ》ガエルはとても小《ちい》さいが、夏《なつ》のあいだにぐんぐん成長《せいちょう》する。

えら呼吸《こきゅう》から肺呼吸《はいこきゅう》へ

陸《りく》の生《い》きものは、肺《はい》という部分《ぶぶん》で酸素《さんそ》をとりいれて息《いき》をする。水《みず》のなかの生《い》きものは、えらで酸素《さんそ》をとりいれる。水中《すいちゅう》でくらすオタマジャクシから陸《りく》にすむカエルになるとき、息《いき》のしかたをいつ、どのようにかえるのだろう。

オタマジャクシをよく観察《かんさつ》すると、かなりはやくからうしろあしのようなものがついていることがわかる。まえあしはなかなかでてこない。うしろあしのかたちができあがってしばらくすると、とつぜんまえあしがでてくる。

じつは、まえあしがでるしゅん間《かん》に、えらから肺《はい》へ、息《いき》のしかたがかわる。えらは左《ひだり》のまえあしがでる場所《ばしょ》にあり、まえあしが皮《かわ》をやぶってでるときにふさがれる。

ヒキガエルは歯《は》がないので、食《た》べものをまるのみにする。のみこむとき、目《め》をぴょこんとさげて、その動《うご》きでのどのおくへ食《た》べものをおくる。

夏《なつ》〜秋《あき》　森《もり》のくらし

卵《たまご》をうんだヒキガエルは、水辺《みずべ》から森《もり》や山《やま》など陸《りく》にもどる。昼間《ひるま》は、くぼ地《ち》や木《き》のすきまなどでじっとしていることが多《おお》いが、夜《よる》になると元気《げんき》に動《うご》きまわる。

バッタやクモ、ミミズ、ほかのカエル、小《ちい》さなヘビまで、ヒキガエルは、目《め》のまえで動《うご》くものならなんでも口《くち》にいれてしまう。

ふだんはのそのそ動《うご》くが、えものを見《み》つけたときだけはべつ。頭《あたま》をつきだしたかとおもうと、えものめがけてすばやく舌《した》をだす。ベタベタした舌《した》にあたると、えものはあっというまに口《くち》のなか。

数秒後《すうびょうご》、ヒキガエルはなにごともなかったように目《め》をつぶる。とびでた目《め》をさげることで、えものをのどのおくへおくっているのだ。

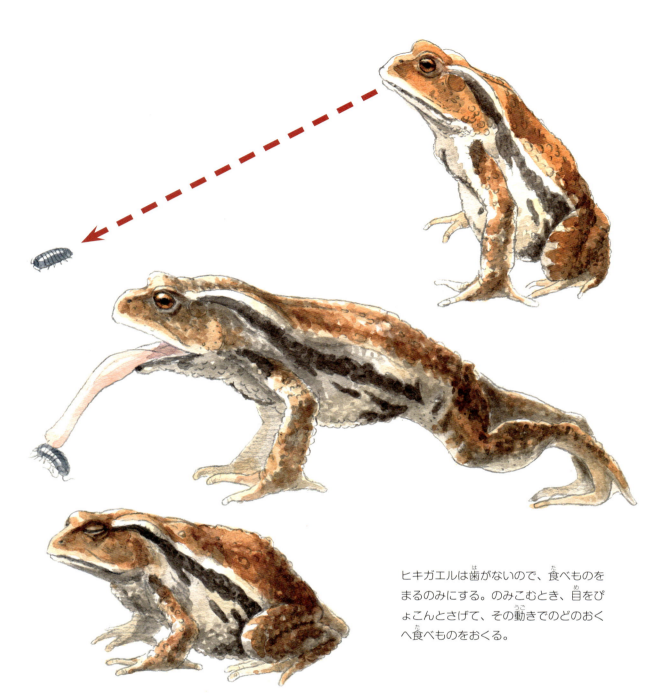

冬《ふゆ》　冬眠《とうみん》

ヒキガエルは体《からだ》の温度《おんど》の調節《ちょうせつ》ができない。まわりの温度《おんど》と体温《たいおん》は、ほぼおなじだ。そのため、冬《ふゆ》のあし音《おと》がきこえてくると、土《つち》のなかや落《お》ち葉《ば》の下《した》に長《なが》くいる。そして、霜《しも》がおりると、ヒキガエルは春《はる》まで冬眠《とうみん》する。

冬眠《とうみん》とは、心臓《しんぞう》の動《うご》きや呼吸《こきゅう》を少《すく》なくして、死《し》んだようにねむること。森《もり》なら落《お》ち葉《ば》の下《した》やたおれた木《き》、地面《じめん》を少《すこ》しほった土《つち》のなかなど、温度《おんど》があまりかわらない、安全《あんぜん》で暗《くら》い場所《ばしょ》でなくてはならない。ぽかぽかと日《ひ》あたりのいい場《ば》所《しょ》では、あたたかすぎて春《はる》になるまえにめざめてしまうからだ。

落《お》ちつく場所《ばしょ》が見《み》つかると、うしろあしとおしりをゴソゴソ動《うご》かして、うしろむきにもぐっていく。

陸《りく》で

ヒキガエル
カエルになると、卵《たまご》をうむときのほかは水《みず》にはいることはない。

トウキョウサンショウウオ
森《もり》のなかの地面《じめん》を静《しず》かに歩《ある》きまわって生活《せいかつ》する。

水《みず》のなかで

ヒキガエル（オタマジャクシ）
まえあしがでてカエルのかたちになると、肺《はい》で息《いき》をする。

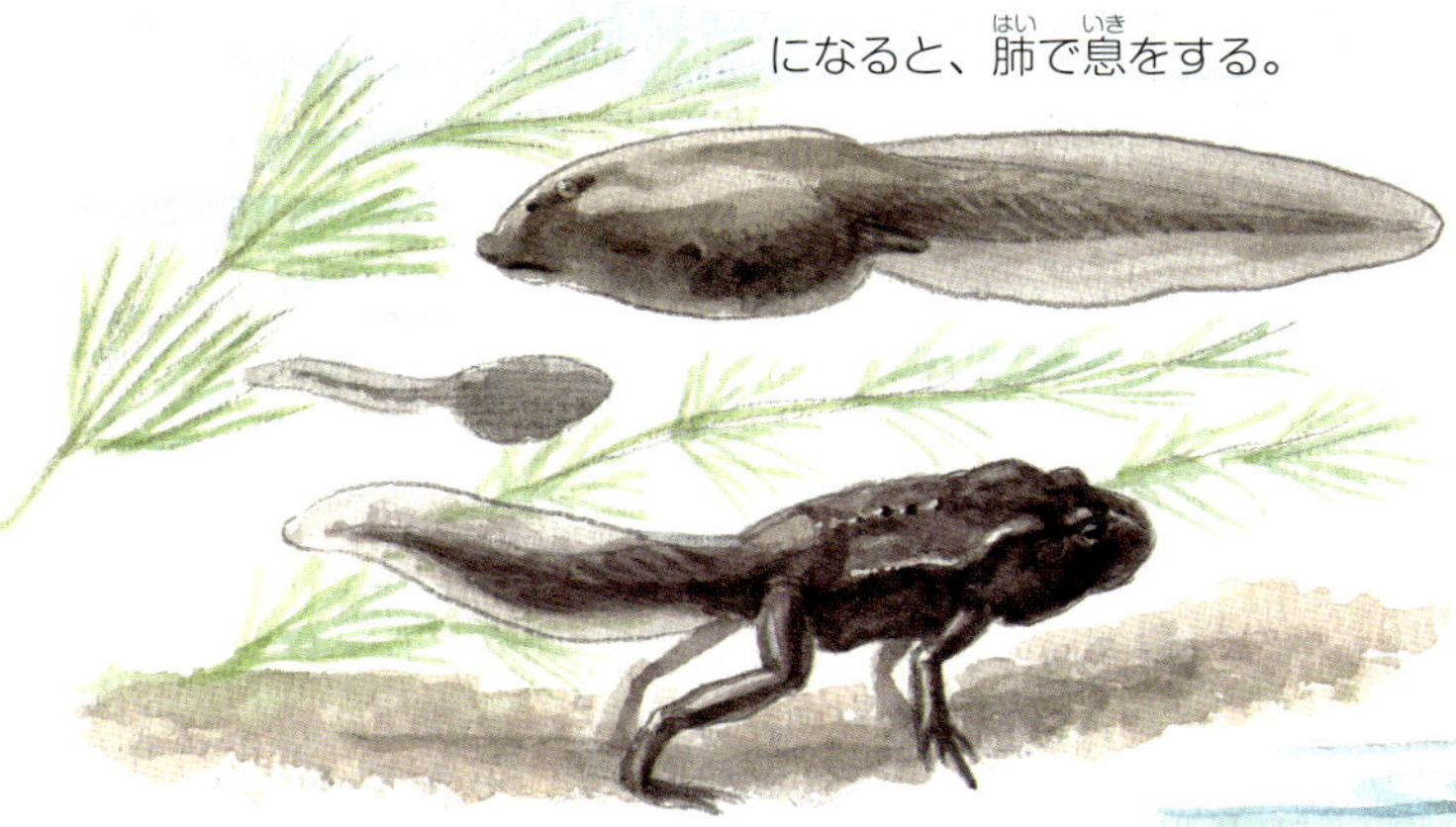

卵《たまご》をうむ

アカハライモリ
水《みず》のなかで生活《せいかつ》するが、ときどき顔《かお》を水面《すいめん》にだして息《いき》をすう。
モリアオガエルのオタマジャクシが木《き》の上《うえ》で卵《たまご》からかえり、落《お》ちてくるのを、水《みず》のなかでまちかまえていることがある。

モリアオガエル
水《みず》の上《うえ》であわにつつまれた卵《たまご》をうむ。

食《た》べものとすみか

ヒキガエルは、ミミズやヤスデ、コオロギ、クモなど地上《ちじょう》の生《い》きものを食《た》べる。

水《みず》のなかでくらすトノサマガエルのなかまは、水面《すいめん》に落《お》ちてくる昆虫《こんちゅう》やクモのほかに、アマガエルなどほかのカエルを食《た》べることもある。カエルとおなじ両生類《りょうせいるい》のアカハライモリは、水《みず》のなかにすむ生《い》きものや、オタマジャクシを食《た》べる。

両生類《りょうせいるい》のなかまは、卵《たまご》からかえるとかならず水《みず》のなかで生活《せいかつ》する。おとなになってからは、陸《りく》をこのむもの、水《みず》のなかですごすものにわかれるが、どちらも肺《はい》で息《いき》をするようになる。一生《いっしょう》のほとんどを水《みず》のなかですごすものは、ときどき水面《すいめん》に顔《かお》をだして息《いき》をすう。

土《つち》のなかで

冬眠《とうみん》する場所《ばしょ》

両生類《りょうせいるい》が冬眠《とうみん》するには、まわりがこおらないくらいにあたたかいことと、温度《おんど》がかわらない場所《ばしょ》がいい。日《ひ》あたりのいい場所《ばしょ》は、温《おん》度《ど》がかわるのでだめ。キツネやイタチがいる場所《ばしょ》も、食《た》べられてしまうので、やはりだめだ。

ヤマアカガエルは、山《やま》をながれる沢《さわ》のなか——沢《さわ》の底《そこ》の落《お》ち葉《ば》だまりや、石《いし》の下《した》など——で冬眠《とうみん》することがある。

肺呼吸《はいこきゅう》のカエルがどうして水《みず》のなかで冬眠《とうみん》できるのだろうか。それは、わずかだけれど皮《ひ》ふでも息《いき》ができるからだ。体《からだ》のはたらきをほとんどとめて、死《し》んだようにねむるのが冬眠《とうみん》。だから、水《みず》のなかのわずかな酸素《さんそ》をとりこむ皮《ひ》ふ呼《こ》吸《きゅう》でも生《い》きていくことができる。

モグラ塚《づか》

都会《とかい》の公園《こうえん》に、ひろい芝生《しばふ》の広《ひろ》場《ば》がある。おじいさんがベンチにすわって、ぼんやりと遠《とお》くをながめている。芝生《しばふ》の上《うえ》ではこどもが声《こえ》をあげて走《はし》りまわっている。

春《はる》になってサクラがつぼみをふくらませてきた。もうすぐお花見《はなみ》ができるようになるはずだ。あたたかくなったので、芝生《しばふ》の上《うえ》に直《ちょく》接《せつ》すわってもあまりつめたくない。

その芝生《しばふ》のところどころに、黒《くろ》いモコモコした土《つち》のかたまりがある。それも、何個《なんこ》もある。だれかがスコップでほりおこしたものではなさそうだ。

じつは、これはモグラがほりだした土《つち》で、「モグラ塚《づか》」とよばれている。塚《つか》というのは、土《つち》がもりあがった部分《ぶぶん》をいう。

モグラのトンネルは長《なが》くつながっており、いろいろな部屋《へや》がある。全体《ぜんたい》は、大《おお》きい教室《きょうしつ》くらいのひろさがある。

モグラのくらし

モグラは、うまれてから死《し》ぬまで土《つち》のなかでくらす。土《つち》のなかは地上《ちじょう》とはまったくちがう世界《せかい》だから、地上《ちじょう》でくらすわたしたちには、土《つち》のなかのことはわからない。

土《つち》はけっこうかたいので、自由《じゆう》には動《うご》けない。モグラは、何年《なんねん》もかけてトンネルをつくり、そのトンネルのなかでくらしている。1匹《ぴき》のモグラがつくるトンネルは、学校《がっこう》の大《おお》きい教室《きょうしつ》くらいのひろさ。なかには、長《なが》さが30メートルになるものもある。

モグラは、4時間《じかん》くらい動《うご》きまわってえさをさがして食《た》べ、それから4時間《じかん》ほどぐっすりねむって、またおきてえさを食《た》べてねむるというふうに、1日《にち》3回《かい》、食《た》べることとねむることをくりかえす。

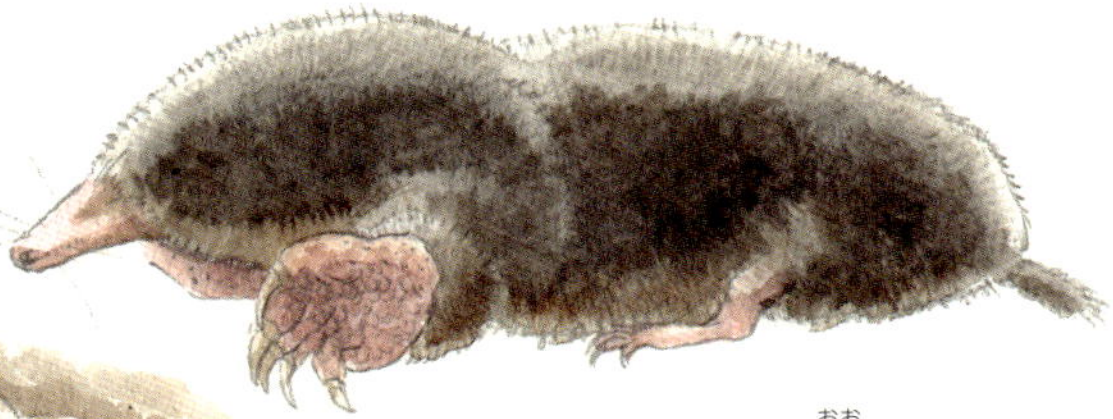

モグラのまえあしは大《おお》きく、うしろあしは小《ちい》さい。

手《て》は野球《やきゅう》のグローブのようで、指先《ゆびさき》にはじょうぶなツメがついている。

モグラの手《て》

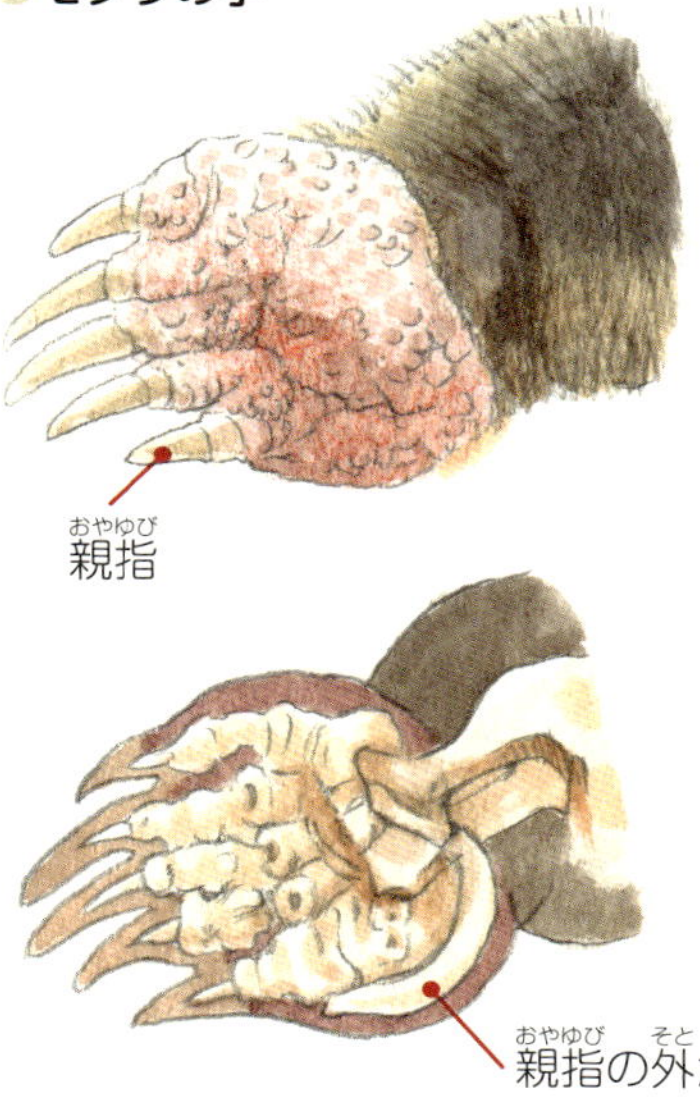

モグラの全身《ぜんしん》の骨格《こっかく》

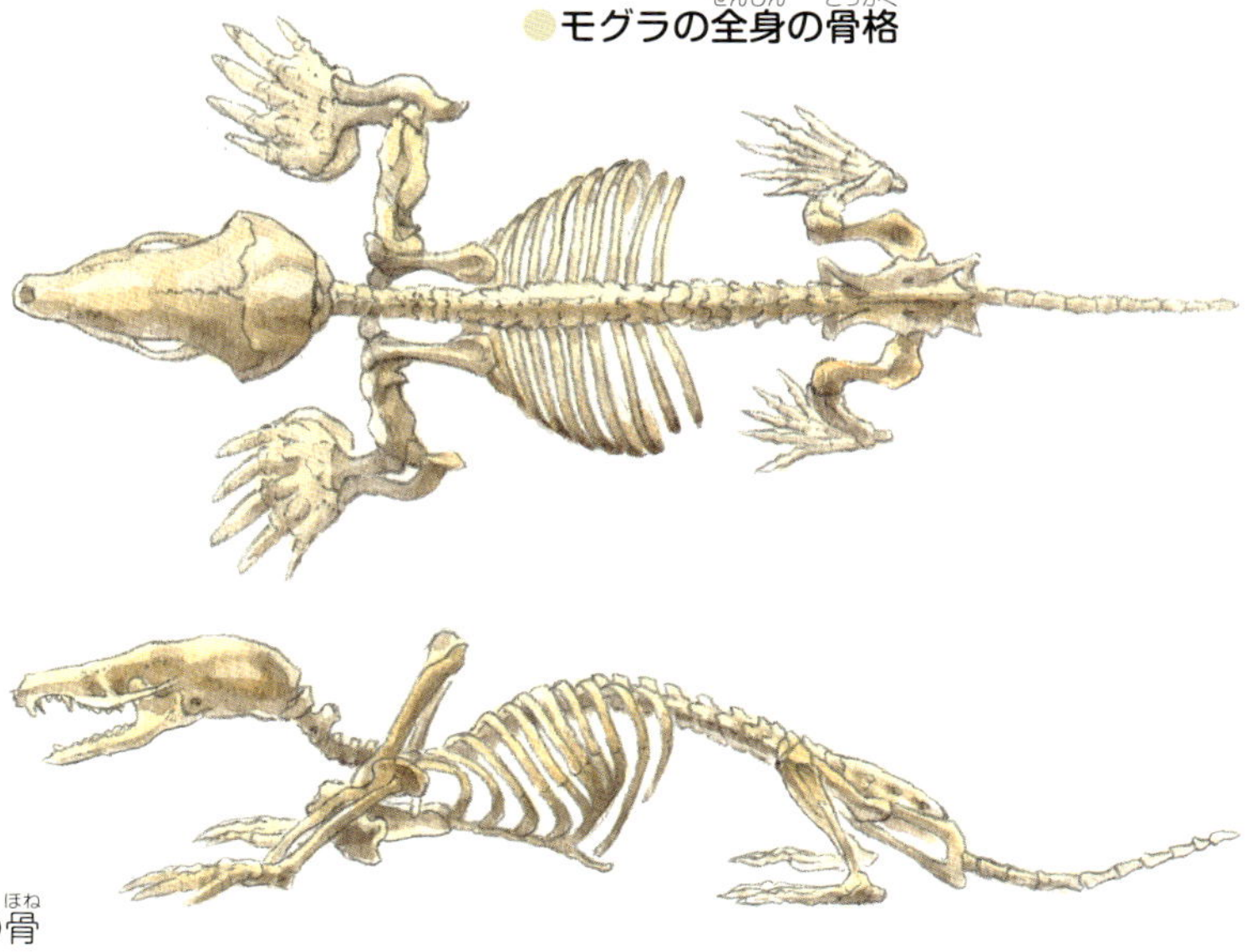

あなほり名人《めいじん》

土《つち》をほるため、モグラのまえあしは大《おお》きくてじょうぶにできている。手《て》は野球《やきゅう》のグローブのようで、指《ゆび》の先《さき》にじょうぶなツメがついている。指《ゆび》は5本《ほん》だが、親指《おやゆび》の外《そと》がわにもうひとつ親指《おやゆび》のような骨《ほね》がある。この部分《ぶぶん》は土《つち》の量《りょう》によってほどよく動《うご》かせるので、調節《ちょうせつ》して土《つち》をかく。肩《かた》からおなかにかけて大《おお》きな筋肉《きんにく》があって、強《つよ》い力《ちから》でうでを動《うご》かすことができる。うでは短《みじか》く、とてもがっちりしていて、大《おお》きなてのひらをささえている。てのひらは外《そと》にむいていて、両《りょう》がわに土《つち》をおしつけてかべをつくりながらトンネルをほる。

まえあしにくらべ、うしろあしは小《ちい》さく、すすむ力《ちから》にはならないが、体《からだ》をささえるはたらきをする。

実際《じっさい》には、ひとつの巣《す》にモグラは1匹《ぴき》しかいないが、この絵《え》では、わかりやすくするためにたくさんのモグラをかいてある。

トンネルをほる

地面《じめん》の下《した》はまっ暗《くら》だ。しかも、土《つち》だけでなく、石《いし》ころや植物《しょくぶつ》の根《ね》などもごろごろしている。

そんなところを、モグラはじょうぶな手《て》でほっていく。ときどき上《うえ》にむけてトンネルをほって、よぶんな土《つち》をそこから外《そと》にだす。これがモグラ塚《づか》になる。

土《つち》をほるのはたいへんなので、1日《にち》にほれるのはほんのわずかだ。モグラは、長《なが》い時間《じかん》をかけて長《なが》いトンネルをつくる。そしてモグラは、そのなかを意外《いがい》にはやく動《うご》きまわる。

トンネルのなかには、きゅうけいをするへやや、トイレにつかうへやなどがある。また、せまいトンネルのなかでむきをかえるための場所《ばしょ》もある。

モグラはとても大食《おおぐ》いだ。1日《にち》に自分《じぶん》の体重《たいじゅう》の半分《はんぶん》くらいの量《りょう》を食《た》べる。これは、たとえば体重《たいじゅう》30キログラムの小学生《しょうがくせい》が、毎日《まいにち》15キログラムのごはん（茶《ちゃ》わん100ぜん分《ぶん》！）を食《た》べるのとおなじだ。

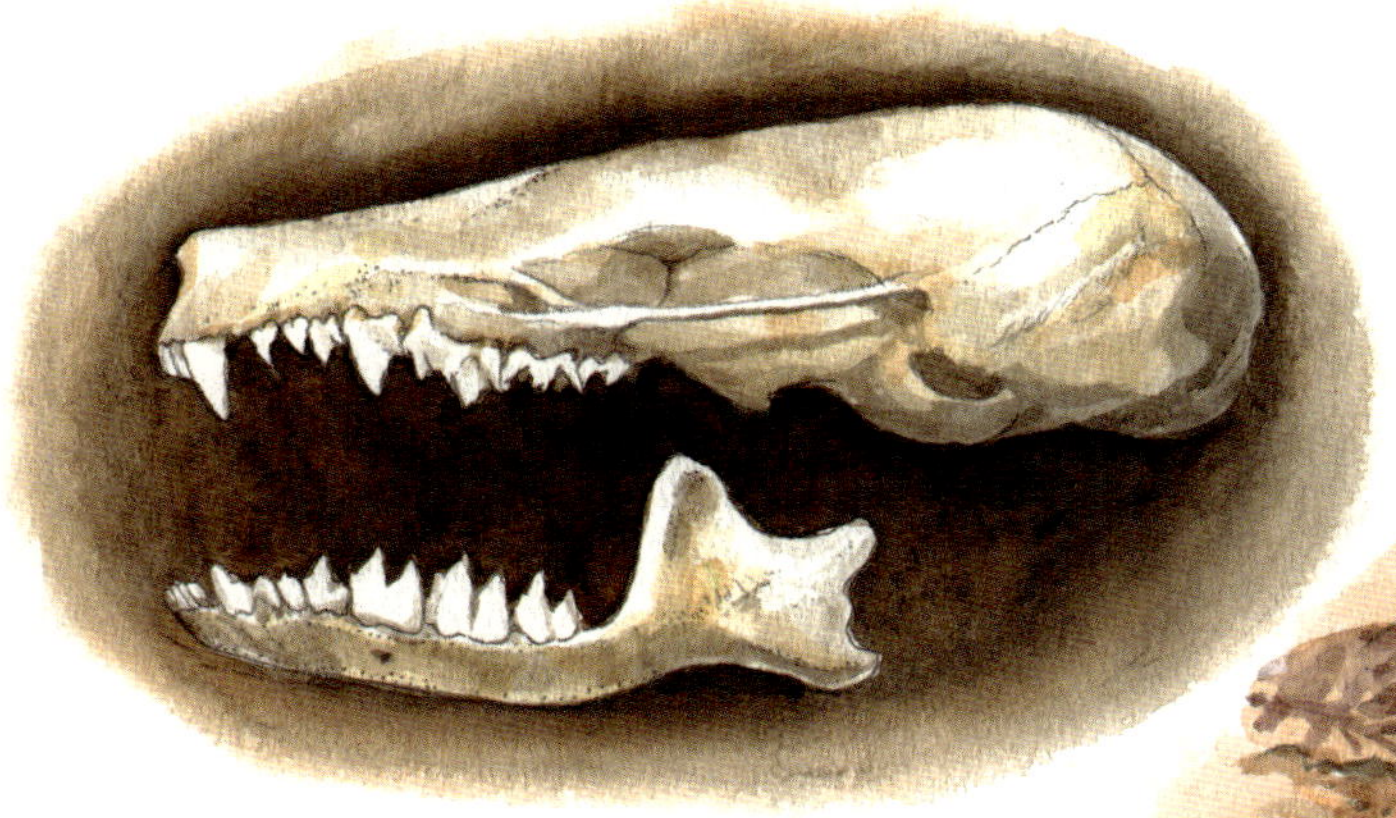

モグラの歯《は》
のんきそうなすがたからは想像《そうぞう》できないほど、その歯《は》はするどい。

ミミズは、土《つち》をまるごと食《た》べて、体《からだ》のなかで栄養《えいよう》になるものだけをとりこみ、のこった土《つち》はうんちとしてだす。

モグラの食《た》べもの

モグラが食《た》べるのは、おもにミミズ。ほかにコガネムシの幼虫《ようちゅう》なども食《た》べる。

ミミズは土《つち》のなかにすむ細長《ほそなが》い生《い》きもので、土《つち》を食《た》べる。

体《からだ》のやわらかいミミズがかたい土《つち》のなかをすすめるのは、ほんの小《ちい》さなすきまを見《み》つけて少《すこ》しずつすすむからだ。ミミズが土《つち》のなかをすすんで、うっかりモグラのトンネルにでてしまうと、モグラに体《からだ》ごとひっぱりだされてしまう。

ミミズは土《つち》を食《た》べるので、体《からだ》のなかには土《つち》がはいっている。モグラの鼻先《はなさき》はとがっていて、口《くち》にはするどい歯《は》があり、ミミズをつかまえると、かみちぎり、両手《りょうて》でミミズの体《からだ》をしごくようにして、土《つち》をしぼりだしながら食《た》べる。

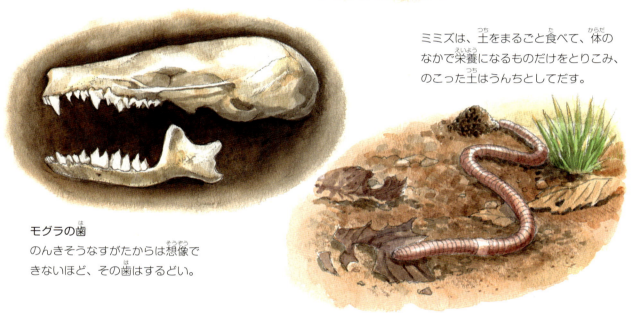

モグラのくらしている場所《ばしょ》から上《うえ》を見《み》ると、
地上《ちじょう》の世界《せかい》はこんなふうに見《み》えているのかもしれない。

トンネルにくらす

モグラはトンネルのなかでくらしているので、目《め》はとても小《ちい》さく、ほとんど見《み》えない。ただそのかわりに、ほかの動物《どうぶつ》にはできないことができる。

たとえば、モグラは鼻《はな》がとてもいい。モグラの鼻《はな》はちょんととがっていて、よく動《うご》く。モグラは、鼻《はな》でさわると、さわったもののかたちややわらかさなどがわかる。

せまいトンネルのなかでは、ぐるっとむきをかえるのはむずかしいので、もどるときモグラはそのままあとずさりする。ふつうの動《どう》物《ぶつ》の毛《け》は、まえからうしろへむかってななめにはえているが、モグラの毛《け》は、あとずさりするときにかべにひっかからないよう、まっすぐ外《そと》がわにむかってはえている。

地下《ちか》は安心《あんしん》

暗《くら》い土《つち》のなかでのモグラの生活《せいかつ》はきゅうくつそうだ。でも、モグラから見《み》れば、昼《ひる》も夜《よる》も敵《てき》ばかりの地上《ちじょう》のくらしのほうがあぶない。

地上《ちじょう》にくらすノネズミは、昼間《ひるま》は草《くさ》かげなどでじっとしていて動《うご》くのは夜《よる》だけ。ネズミをねらう動《どう》物《ぶつ》がたくさんいるからだ。だからといって、夜《よる》なら安心《あんしん》というわけでもない。夜《よる》はフクロウなどがねらっているから、やはりあぶない。

地上《ちじょう》には風《かぜ》がふき、雨《あめ》や雪《ゆき》もふる。つぎつぎと季節《きせつ》もかわるが、土《つち》のなかはいつもかわりなく、敵《てき》もいないから、安心《あんしん》だ。わたしたちにとってはくらしにくそうな場《ば》所《しょ》も、そこにくらす動物《どうぶつ》たちには、いちばんすみやすい場所《ばしょ》なのだ。

モグラのいる公園《こうえん》

　もう一度《いちど》、都会《とかい》の公園《こうえん》にもどってみよう。芝生《しばふ》の上《うえ》にモクモクとモグラ塚《づか》がある。実際《じっさい》のモグラを見《み》るのはむずかしいが、モグラ塚《づか》は、気《き》をつけていれば都会《とかい》でも見《み》つけることができる。

　山《やま》にはクマやカモシカのような野生動物《やせいどうぶつ》がいるし、いなかにはキツネやリスなどもいる。だが、都《と》会《かい》には野生動物《やせいどうぶつ》はほとんどいない。

　そう考《かんが》えると、モグラは都会《とかい》にくらすめずらしい野生動物《やせいどうぶつ》だ。モグラがいれば、そこにミミズや昆《こん》虫《ちゅう》の幼虫《ようちゅう》もいる。そこならば、小《こ》鳥《とり》もくらしていける。モグラがいることは、すばらしいことなのだ。

　公園《こうえん》でモグラ塚《づか》を見《み》つけたら、その下《した》でくらしているモグラの生《せい》活《かつ》を想像《そうぞう》してみよう。

動物《どうぶつ》のかたち

動物《どうぶつ》には、じつにさまざまなかたちがある。体《からだ》全体《ぜんたい》のかたちもさまざまだし、動物《どうぶつ》の体《からだ》をつくっている部分《ぶぶん》のかたちもさまざまだ。

魚《さかな》は胴体《どうたい》と頭《あたま》がひとつながりで、ひれがあるのが基本《きほん》だが、両生類《りょうせいるい》、は虫類《ちゅうるい》、鳥類《ちょうるい》、ほ乳類《にゅうるい》はふつう胴体《どうたい》に頭《あたま》、4本《ほん》のあし、しっぽがついている。もちろんヘビのようにあしがないものもいるし、鳥《とり》やコウモリではまえあしがつばさになっているし、しっぽがないものもいるが、それは特別《とくべつ》なかたちになったためだ。

頭《あたま》には脳《のう》があり、体全体《からだぜんたい》をつかさどる。頭《あたま》には口《くち》があり、食《た》べものをとりこむ。体《からだ》のなかには骨《ほね》があって、骨《ほね》は筋肉《きんにく》で動《うご》く。魚《さかな》のえらやほかの動物《どうぶつ》の肺《はい》は、息《いき》をするのにかかせない。心臓《しんぞう》はポンプのように動《うご》いて、体《からだ》のすみずみまで血液《けつえき》をおくる。食《た》べたものは管《くだ》を通《とお》って胃《い》や腸《ちょう》にはこばれて栄養《えいよう》になる。

こういう体《からだ》のつくりは、その動物《どうぶつ》がくらす環境《かんきょう》にふさわしいものになっている。

たとえば、水《みず》にすむ動物《どうぶつ》はラグビーボールのような流線型《りゅうせんけい》とよばれるかたちをしている。水《みず》

のなかをなめらかにすすむためには、細長《ほそなが》くてでこぼこがないかたちがよい。だから船《ふね》も流線《りゅうせん》型《けい》をしている。潜水艦《せんすいかん》という水《みず》のなかをすすむ船《ふね》は細長《ほそなが》く、水《みず》の上《うえ》にでる部分《ぶぶん》だけがとびだしている。潜水艦《せんすいかん》のかたちは、マグロやカツオのようにはやくおよぐ魚《さかな》とよくにている。

マグロのおよぐはやさは、時速《じそく》90キロメートルにもなる。いちばんはやい水泳選手《すいえいせんしゅ》でも、100メートル47秒《びょう》で、これは時速《じそく》およそ8キロメートルにすぎない。マグロはその10倍以上《ばいいじょう》もはやいのだからおどろく。

サメはやわらかい骨《ほね》をもつ魚《さかな》で、やはり流線《りゅうせん》型《けい》の体《からだ》をもつ。

鳥類《ちょうるい》のペンギン、ほ乳類《にゅうるい》のイルカもおなじような流線型《りゅうせんけい》をしている。イルカはほ乳類《にゅうるい》なのに、うしろあしはなく、まえあしは魚《さかな》のひれのようになっている。

このように動物《どうぶつ》の体《からだ》は、くらす場所《ばしょ》にふさわしいものになっており、おなじ場所《ばしょ》にすむものはちがうなかまの動物《どうぶつ》でもにたかたちになっている。

潜水艦《せんすいかん》

水《みず》のなかをすすむ潜水艦《せんすいかん》は、なめらかにすすむために流線型《りゅうせんけい》をしている。

マグロ

ラグビーボールのような流線型《りゅうせんけい》をしている。

サメ（ホホジロザメ）

サメはやわらかい骨《ほね》をもつ魚《さかな》で、流線型《りゅうせんけい》の体《からだ》をもつ。サメのなかには人《ひと》をおそうものもいる。

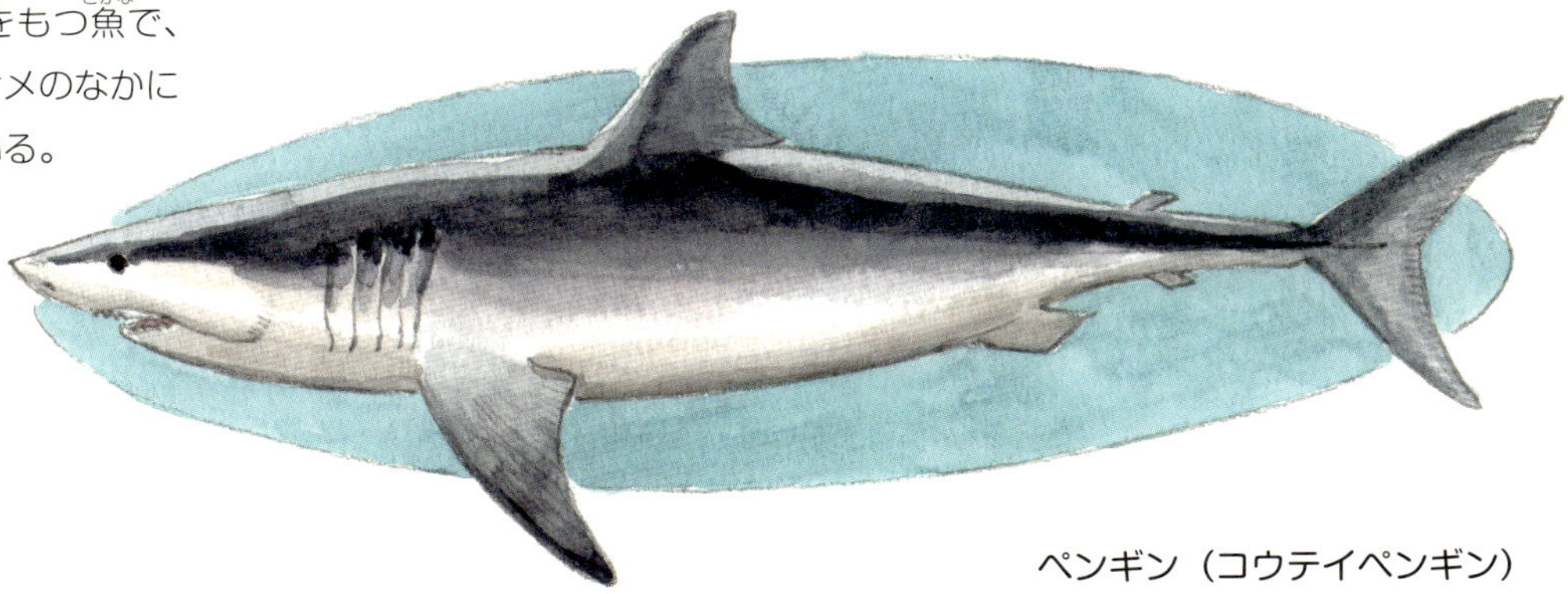

ペンギン（コウテイペンギン）

鳥《とり》のなかまで、地上《ちじょう》をヨチヨチ歩《ある》くが、水《みず》のなかでは流線型《りゅうせんけい》の体《からだ》ではやくおよげる。

イルカ（バンドウイルカ）

イルカはほ乳類《にゅうるい》だがうしろあしはなく、まえあしは魚《さかな》のひれのようなかたちになっている。体《からだ》は流線型《りゅうせんけい》をしている。

第《だい》3章《しょう》

動《うご》く動物《どうぶつ》たち

この章《しょう》に登場《とうじょう》する動物《どうぶつ》　サクラマス　カッコウ

動物《どうぶつ》は動《うご》く。
だが、なかには、冬眠《とうみん》をするために冬《ふゆ》のあいだは動《うご》かないものもいる。
おなじ森《もり》のなかにいて、1年《ねん》じゅうおなじような場所《ばしょ》をつかうものもいれば、
季節《きせつ》によって、山《やま》の上《うえ》から下《した》に動《うご》くものもいる。
さらには、
夏《なつ》のあいだは北《きた》の国《くに》にいて、冬《ふゆ》になって日本《にほん》にくるもの、
反対《はんたい》に、夏《なつ》に日本《にほん》にきて、冬《ふゆ》になると南《みなみ》の国《くに》にもどっていくという、
長《なが》いきょりを動《うご》く動物《どうぶつ》もいる。
この章《しょう》では、
海《うみ》と川《かわ》を動《うご》く魚《さかな》としてサクラマス、
夏《なつ》に日本《にほん》にわたってくる鳥《とり》の代表《だいひょう》としてカッコウをとりあげる。

秋《あき》になるとおとなになり、さらに上流《じょうりゅう》へとさかのぼる。
●サクラマス
海《うみ》で大《おお》きくなったサクラマスは、春《はる》になると、ふるさとの川《かわ》をさかのぼっていく。
海《うみ》

春《はる》～夏《なつ》 川《かわ》へはいる

川《かわ》は、山《やま》で小《ちい》さなながれとしてはじまり、最後《さいご》は海《うみ》へでる。川《かわ》にすむ淡水魚《たんすいぎょ》には、うまれてから死《し》ぬまで川《かわ》で生活《せいかつ》するものと、川《かわ》と海《うみ》とを行《い》き来《き》するものがいる。

サクラマスは、川《かわ》でうまれ、一《いち》度《ど》、海《うみ》へでていき、また川《かわ》へもどってくる。サクラの花《はな》がさくころ、海《うみ》で大《おお》きくなったサクラマスが、自分《じぶん》のうまれたふるさとの川《かわ》へもどってくる。

川《かわ》の中下流《ちゅうかりゅう》のふかいところにすみ、夏《なつ》のあいだはあまりえさは食《た》べずに、秋《あき》に卵《たまご》をうむのにそなえて体《からだ》を休《やす》めている。海《うみ》から川《かわ》へやってきたのは、ほとんどがメスだ。オスは、海《うみ》へはいかずに、川《かわ》の上《じょう》流《りゅう》にすむものが多《おお》い。

魚道《ぎょどう》をのぼる
魚《さかな》がのぼれない大《おお》きな段差《だんさ》がある場所《ばしょ》には魚道《ぎょどう》があり、サクラマスものぼることができる。

卵《たまご》をうむサクラマス
秋《あき》、川《かわ》の上流《じょうりゅう》で卵《たまご》をうむ。体全《からだぜん》体《たい》をつかって川《かわ》の底《そこ》をほり、卵《たまご》をうんで小石《こいし》をかぶせる。

秋《あき》　卵《たまご》をうむサクラマス

サクラマスは川《かわ》をのぼるが、とちゅうにダムがある。その横《よこ》の魚《ぎょ》道《どう》（魚《さかな》が通《とお》るための道《みち》）をのぼろうとする。およぐはやさがたりなかったり、段差《だんさ》をのぼる角度《かくど》がわるいと、ながれに負《ま》けて水《みず》にはじかれてしまうこともある。しかし、サクラマスはなんどもジャンプをくりかえして、川《かわ》の上流《じょうりゅう》をめざしておよいでいく。

卵《たまご》をうむ場所《ばしょ》にたどりついたサクラマスは、オスとメスがひと組《くみ》になり、川《かわ》の底《そこ》をほり、産卵床《さんらんしょう》（卵《たまご》をうむためのくぼみ）をつくる。体《からだ》のあちこちが、きずだらけになる。産卵床《さんらんしょう》には、オレンジ色《いろ》の卵《たまご》が約《やく》2000個《こ》うみおとされ、メスはその上《うえ》から卵《たまご》を守《まも》るために小石《こいし》をかける。

落《お》ちたバッタ
稚魚《ちぎょ》は数尾《すうび》の群《む》れでいることが多《おお》い。
しばらくたつと、稚魚《ちぎょ》の大《おお》きさに差《さ》がでてくる。

海《うみ》へいくもの 川《かわ》にのこるもの

サクラマスの稚魚《ちぎょ》（赤《あか》ちゃん）たちは、頭《あたま》を上流《じょうりゅう》にむけておよぎ、おなじ場所《ばしょ》にとどまる。

上流《じょうりゅう》から川《かわ》に落《お》ちたバッタなどがながれてくると、水面《すいめん》に近《ちか》づいて、それを食《た》べる。

川《かわ》で生活《せいかつ》する稚魚《ちぎょ》たちには、少《すこ》しずつ、成長《せいちょう》のいいものとわるいものとで、差《さ》がでてくる。

はやく大《おお》きくなった稚魚《ちぎょ》は、そのままヤマメとして、一生《いっしょう》を川《かわ》の上流《じょうりゅう》ですごす。

あまり大《おお》きくなれなかった稚魚《ちぎょ》にはメスが多《おお》く、海《うみ》での生活《せいかつ》にあった体《からだ》に変化《へんか》する。そして、つぎの年《とし》の春《はる》には群《む》れとなって川《かわ》をくだり、海《うみ》へとむかっていく。

川《かわ》にのこるわかい魚《さかな》

よくそだった魚《さかな》は、ヤマメとして川《かわ》にとどまる。

パーマーク
水《みず》をあまりのまない
体《からだ》にはくっきりと「パーマーク」とよばれるまるいもようがある。
うすい尿《にょう》

海《うみ》へくだる銀化《ぎんけ》したわかい魚《さかな》

大《おお》きくなれなかった魚《さかな》は、サクラマスとして海《うみ》へくだる。

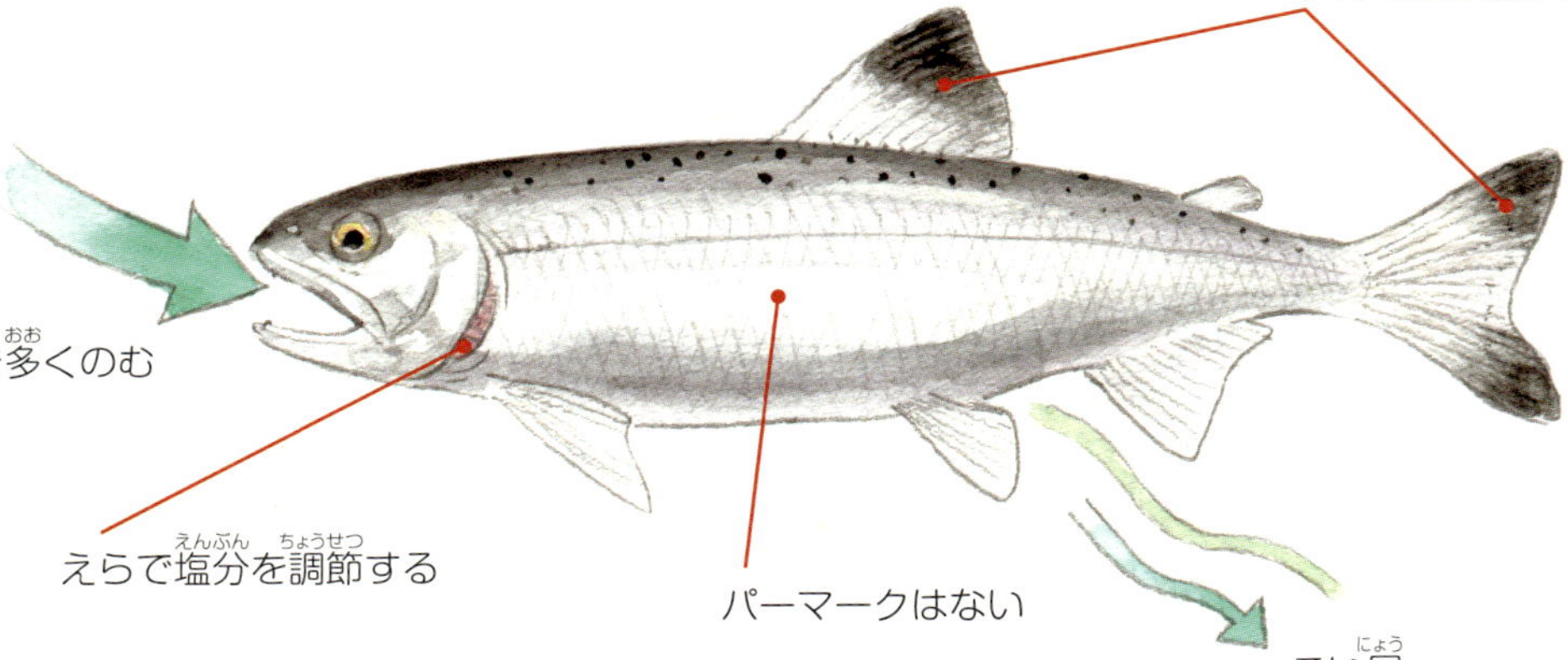
ひれの先《さき》が黒《くろ》っぽい
水《みず》を多《おお》くのむ
えらで塩分《えんぶん》を調節《ちょうせつ》する
パーマークはない
こい尿《にょう》

魚《さかな》のえらは、水中《すいちゅう》から酸素《さんそ》をとりこむ。
海水魚《かいすいぎょ》は、えらで塩分《えんぶん》の調節《ちょうせつ》もおこなう。

海《うみ》へくだるための変化《へんか》

サクラマスは、小《ちい》さいときは川《かわ》で生活《せいかつ》するための体《からだ》のつくりをしているが、海《うみ》へくだるころになると、体《からだ》が銀色《ぎんいろ》になり、尾《お》びれと背《せ》びれの先《さき》が黒《くろ》くなる。ほかのひれは透明《とうめい》になっていく。これを「銀《ぎん》化《け》」という。銀化《ぎんけ》は海《うみ》で生活《せいかつ》するための変化《へんか》だ。体《からだ》のなかの塩分《えんぶん》を調整《ちょうせい》できるよう、えらのはたらきなどがかわる。

川《かわ》では、体《からだ》にはいったよぶんな水分《すいぶん》を尿《にょう》としてだす。海《うみ》では、海《かい》水《すい》の塩分《えんぶん》が体《からだ》の水分《すいぶん》をうばうので、体《からだ》にはいったよぶんな塩分《えんぶん》をえらから、または尿《にょう》としてだす。

冬《ふゆ》のあいだ、川《かわ》にはえさが少《すく》ないが、海《うみ》にはえさがたくさんあるので、サクラマスは大《おお》きくなることができる。

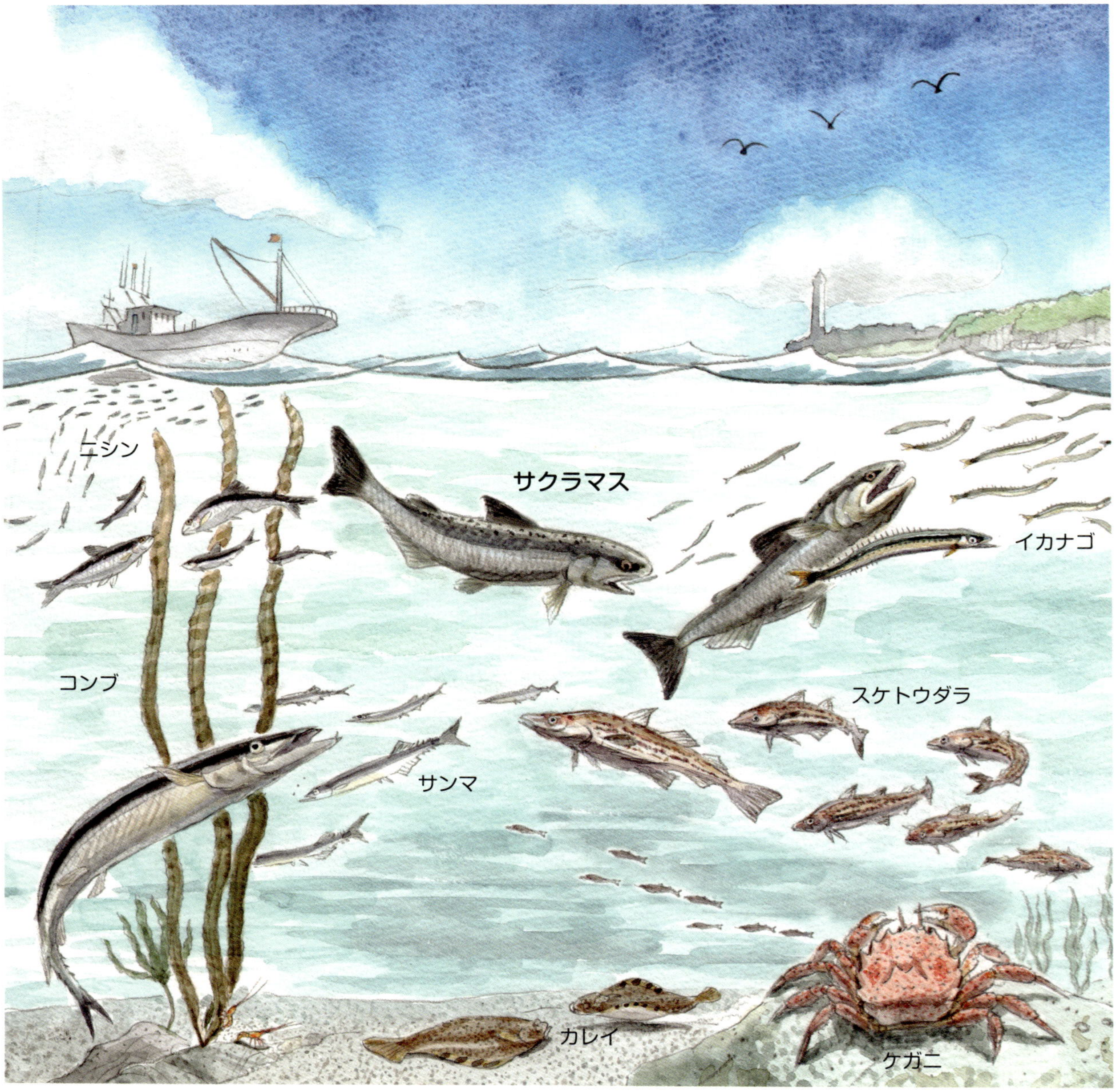

海《うみ》でのくらし

海《うみ》へでたサクラマスは、海水《かいすい》がつめたい北《きた》のオホーツク海《かい》をめざしておよぐ。

北《きた》の海《うみ》はとてもゆたかで、サケのえさになるニシン、スケトウダラ、サンマ、カレイなどの魚《さかな》のほか、カニやエビなど、多《おお》くの生《い》きものがいる。

サクラマスは、おもにイカナゴやマイワシなどの小《ちい》さな魚《さかな》、オキアミ類《るい》などを食《た》べて大《おお》きくなる。オキアミ類《るい》とは、エビのなかまだ。

サクラマスは、オホーツク海《かい》で夏《なつ》をすごし、大《おお》きくなる。

オホーツク海《かい》は、冬《ふゆ》になると海《うみ》が氷《こおり》におおわれてしまう。そうなるまえに、サクラマスは南《みなみ》にむけておよぎながら、海《うみ》で1年間《ねんかん》をすごす。

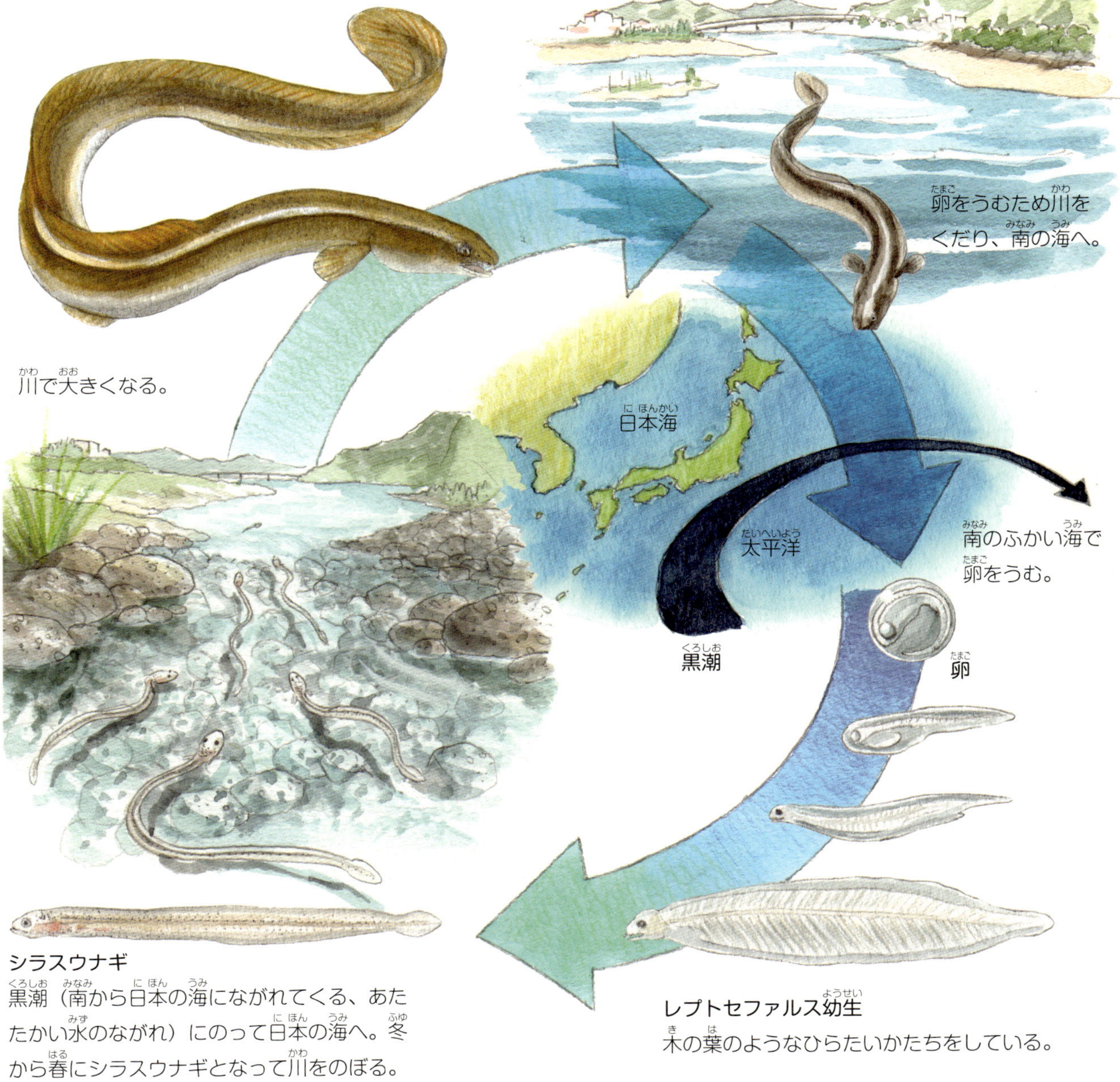
卵《たまご》をうむため川《かわ》を
くだり、南《みなみ》の海《うみ》へ。
川《かわ》で大《おお》きくなる。
日本海《にほんかい》
太平洋《たいへいよう》
南《みなみ》のふかい海《うみ》で
卵《たまご》をうむ。
黒潮《くろしお》
卵《たまご》
シラスウナギ
黒潮《くろしお》（南《みなみ》から日本《にほん》の海《うみ》にながれてくる、あたたかい水《みず》のながれ）にのって日本《にほん》の海《うみ》へ。冬《ふゆ》から春《はる》にシラスウナギとなって川《かわ》をのぼる。
レプトセファルス幼生《ようせい》
木《き》の葉《は》のようなひらたいかたちをしている。

ニホンウナギの動《うご》き

ニホンウナギも海《うみ》と川《かわ》を動《うご》くが、サクラマスとは反対《はんたい》に、海《うみ》で卵《たまご》をうみ、川《かわ》で大《おお》きくなる。川《かわ》で3〜4年《ねん》すごして、親魚《しんぎょ》になると川《かわ》をくだり、卵《たまご》をうむために南《みなみ》の海《うみ》へいき、海《うみ》のふかいところで卵《たまご》をうむ。

ニホンウナギが卵《たまご》をうむ場所《ばしょ》は、長《なが》いあいだわからなかったが、最《さい》近《きん》になって、赤道《せきどう》に近《ちか》い南《みなみ》の島《しま》・マリアナ諸島《しょとう》近《ちか》くのふかい海《うみ》だということがわかった。

ふかい海《うみ》でうまれた稚魚《ちぎょ》（赤《あか》ちゃん）は、「レプトセファルス幼《よう》生《せい》」という木《き》の葉《は》のようなひらたいかたちで、黒潮《くろしお》というあたたかい海のながれにのって日本《にほん》の近《ちか》くへやってきて、シラスウナギとなって川《かわ》をのぼっていく。

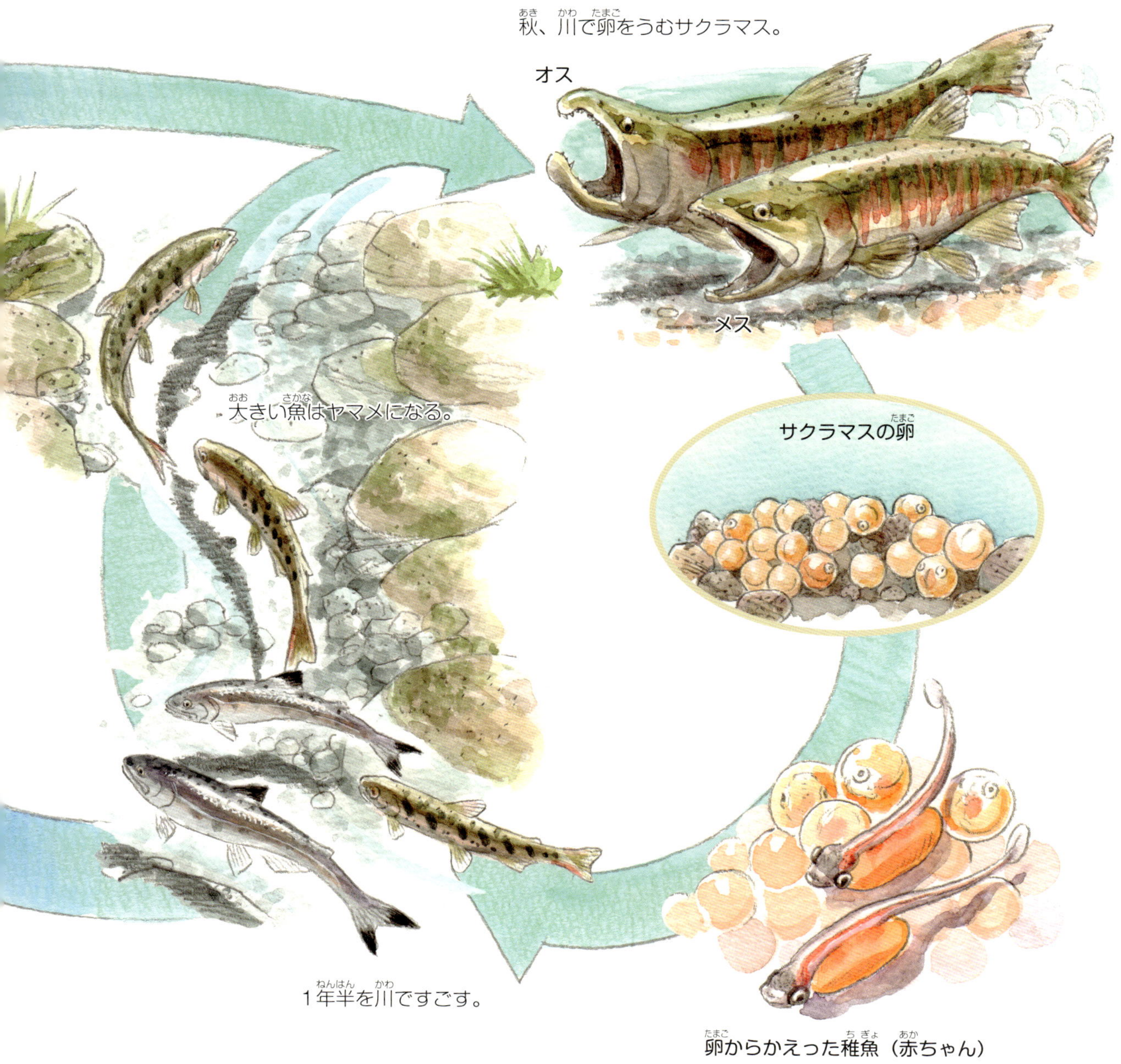
秋《あき》、川《かわ》で卵《たまご》をうむサクラマス。
オス
メス
サクラマスの卵《たまご》
卵《たまご》からかえった稚魚《ちぎょ》（赤《あか》ちゃん）
1年半《ねんはん》を川《かわ》ですごす。
大《おお》きい魚《さかな》はヤマメになる。

サクラマスの一生《いっしょう》

サクラマスは、本州《ほんしゅう》の日本海《にほんかい》がわと太平洋《たいへいよう》がわの神奈川県《かながわけん》より北《きた》にすんでいる。

きれいな川《かわ》の上流《じょうりゅう》で卵《たまご》からかえった稚魚《ちぎょ》は、成長《せいちょう》のぐあいによって動《うご》きがちがう。よく大《おお》きくなったものは、ヤマメとして川《かわ》にのこる。あまり大《おお》きくなれなかったものは、サクラマスとして湖《みずうみ》や海《うみ》にくだる。

湖《みずうみ》や海《うみ》で大《おお》きくなったサクラマスは、ふるさとの川《かわ》にもどる。

サクラマスは、ふるさとの川《かわ》の方向《ほうこう》や水《みず》のにおいをおぼえているといわれる。遠《とお》くの海《うみ》からふるさとの川《かわ》へ、太陽《たいよう》の位置《いち》や、海《うみ》の水《みず》のながれなどをたよりに、うまれた川《かわ》にもどると考《かんが》えられている。

川《かわ》にはいったサクラマスのすが

大《おお》きくなったサクラマスは、卵《たまご》をうむため、春《はる》になるとふるさとの川《かわ》にもどる。
湖《みずうみ》で大《おお》きくなるサクラマス。
湖《みずうみ》へ
海《うみ》へ
小《ちい》さい魚《さかな》はサクラマスとして海《うみ》へ。
海《うみ》で大《おお》きくなるサクラマス。

たは、オスとメスとではちがう。オスは、背中《せなか》がもりあがり、口《くち》は「せっぱり」とよばれ、かぎのようにまがっている。メスは、全体《ぜんたい》的《てき》に体《からだ》がまるく、卵《たまご》をもつのでおなかがふくれている。

　春《はる》にふるさとの川《かわ》にもどったサクラマスは、夏《なつ》のあいだ川《かわ》で体《からだ》を休《やす》め、秋《あき》になると群《む》れで川《かわ》をのぼる。それからはほとんどえさを食《た》べなくなるが、がんばって卵《たまご》をうむ場所《ばしょ》にたどりつき、卵《たまご》をうみおわると、オス、メスともに力《ちから》つきて、やがて死《し》んでしまう。

　サクラマスは、生《う》まれてから海《うみ》へでるまでの1年半《ねんはん》と、海《うみ》での1年《ねん》、ふるさとの川《かわ》にもどってから卵《たまご》をうむまでの半年《はんとし》、あわせて3年《ねん》ほどで一生《いっしょう》をおえる。

北《きた》へわたっていくコハクチョウ。
南《みなみ》からもどってきたツバメ。

鳥《とり》たちが動《うご》きだす春《はる》

春《はる》になると、北《きた》へかえるハクチョウのニュースをきき、ツバメを見《み》かけるようになる。ツバメは、春《はる》に南《みなみ》（東南《とうなん》アジア）からとんできて、日本《にほん》で子《こ》そだてをして、秋《あき》にはまた南《みなみ》へわたっていく。ハクチョウは、秋《あき》に北《きた》（シベリア）からとんできて、日本《にほん》で冬《ふゆ》ごしをして、春《はる》にはまた北《きた》へわたっていく。

ツバメは夏鳥《なつどり》、ハクチョウは冬《ふゆ》鳥《どり》とよばれるけれど、どちらも春《はる》に北《きた》へわたり、秋《あき》に南《みなみ》へわたる。ツバメは日本《にほん》、ハクチョウはシベリア、うまれた国《くに》がちがうだけ。春《はる》にふるさとへかえり、秋《あき》にあたたかいところにわたるのはおなじだ。1年《ねん》じゅう見《み》られる鳥《とり》も、春《はる》は北《きた》へ、秋《あき》は南《みなみ》へとすごす場所《ばしょ》を少《すこ》しかえているものが多《おお》い。

南《みなみ》からもどってきたカッコウ。

平地《へいち》から高原《こうげん》にもどってきたモズ。

カッコウという鳥《とり》

5月《がつ》。多《おお》くの夏鳥《なつどり》が日本《にほん》に到着《とうちゃく》して結婚《けっこん》し、子《こ》そだての準備《じゅんび》をはじめている。ツバメの巣《す》では、もうヒナがかえっている。

そのころ、やっとわたってくる夏鳥《なつどり》がいる。なき声《ごえ》をきけば、だれでもすぐに名前《なまえ》がわかる。

「カッコウ、カッコウ……」

そう、カッコウ。なき声《ごえ》がそのまま名前《なまえ》になった。ときどき少《すこ》しこうふんして、「カッ、カッ、カッコウ」というようになく。

カッコウは、山《やま》おくでなく、大《おお》きな川《かわ》の近《ちか》くや高原《こうげん》の牧場《ぼくじょう》など、ひろい草《くさ》はらに木《き》がぽつぽつあるところにいる。都会《とかい》の近《ちか》くでも、そんな場所《ばしょ》があれば、木《き》のこずえや電線《でんせん》でなく、ハトぐらいの大《おお》きさのすがたを見《み》ることができる。

子《こ》そだてカレンダー（モズを例《れい》に）

春《はる》
いろいろな生《い》きものが
ふえる季節《きせつ》
3月《がつ》
4月《がつ》
5月《がつ》
3月《がつ》はじめ
オスのダンスを見《み》るメス。
チョウやガの卵《たまご》がかえる。
3月《がつ》おわり
巣《す》づくり。
4月《がつ》はじめ　卵《たまご》をあたためる。
幼虫《ようちゅう》が大《おお》きくなる。
5月《がつ》おわり
2度《ど》めの巣《す》づくり。
4月《がつ》おわり　ヒナをそだてる。
5月《がつ》はじめ
巣《す》だち。
あたたかい地方《ちほう》で冬《ふゆ》をすごしたモズも、春《はる》、木々《きぎ》がいっきに芽《め》ぶいて虫《むし》がうまれる高原《こうげん》にわたってくる。

子《こ》そだての季節《きせつ》

春《はる》から夏《なつ》にかけては、鳥《とり》たちの子《こ》そだての季節《きせつ》。親鳥《おやどり》は、ヒナたちに栄養《えいよう》のあるものをたくさん食《た》べさせなくてはならない。日本《にほん》の春《はる》から夏《なつ》、とくに5月《がつ》から6月《がつ》は、虫《むし》たちが急《きゅう》に多《おお》くなる。南《みなみ》の国《くに》は1年《ねん》じゅうあたたかいからいつも虫《むし》がいるが、季節《きせつ》で急《きゅう》にかわることはあまりない。

春《はる》、草木《くさき》の芽《め》がでて若葉《わかば》のうちは、葉《は》がとてもやわらかくて、チョウやガなどの幼虫《ようちゅう》が食《た》べやすい。夏《なつ》になると、葉《は》はかたく、にがくなる。だから、芽《め》がでるとすぐチョウやガの卵《たまご》から幼虫《ようちゅう》がうまれ、若葉《わかば》を食《た》べはじめる。鳥《とり》のヒナにとって、幼虫《ようちゅう》は栄養《えいよう》があるごちそうだ。それがいっきにふえるまえに、夏鳥《なつどり》は日本《にほん》にかえってくる。

カッコウが卵《たまご》をあずける鳥《とり》として、約《やく》20種類《しゅるい》ほどがわかっている。たとえばモズにそだてられたカッコウは、おとなになってから、ふつうモズだけに卵《たまご》をあずける。そのカッコウの卵《たまご》は、モズの卵《たまご》ににたもようをしている。

カッコウのメスは、モズなどの親鳥《おやどり》が留守《るす》のときに卵《たまご》を1個《こ》くわえだし、かわりに自分《じぶん》の卵《たまご》を1個《こ》うんでにげる。

モズより大《おお》きくそだったカッコウのヒナ。巣《す》をでてもしばらくはモズのせわをうける。

1羽《わ》だけでも、やがて巣《す》にはいりきれないほど大《おお》きくなる。

ヒナは、目《め》もあかないうちからモズの卵《たまご》を背中《せなか》にのせて外《そと》にすてる。

子《こ》そだてしない鳥《とり》

カッコウは毛虫《けむし》がすきで、虫《むし》しか食《た》べない。日本《にほん》の野山《のやま》に虫《むし》がいっきにでる5月《がつ》のなかごろ南《みなみ》の国《くに》からかえってくるカッコウは、ヒナにも毛虫《けむし》をあたえるのだろうか。

じつは、カッコウは自分《じぶん》ではヒナをそだてない。モズ、ホオジロ、オオヨシキリなどべつの鳥《とり》の巣《す》にこっそり卵《たまご》をうんであたためてもらい、ヒナをそだててもらう。

卵《たまご》からかえったカッコウのヒナも、もとからあった卵《たまご》やヒナを巣《す》の外《そと》にほうりだして巣《す》とえさをひとり占《じ》めする。カッコウをそだてる鳥《とり》は小鳥《ことり》なので、えさの虫《むし》も小《ちい》さい。カッコウのヒナは「まだたりない」とえさをねだりつづける。そして、最後《さいご》にそだて親《おや》よりすっかり大《おお》きくなって、巣《す》だっていく。

モズに気《き》づかれておいはらわれるカッコウ。

どの鳥《とり》も、自分《じぶん》がうまれた場所《ばしょ》へかえってくる。うまれそだった場所《ばしょ》なら安全《あんぜん》で安心《あんしん》だと、体《からだ》がわかっているのだろう。それでも、モズにもカッコウにも、きびしいたたかいがまっている。

ホオジロに見《み》やぶられて巣《す》の外《そと》にすてられたカッコウの卵《たまご》。

モズにそだてられたカッコウのメスは、おとなになってかえってくると、あちこちのモズの巣《す》にこっそり近《ちか》づき、数日《すうじつ》おきに1個《こ》ずつ卵《たまご》をうんでまわる。モズは、その春《はる》の2回《かい》めの子《こ》そだてちゅうのことが多《おお》い。

そだて親《おや》の多《おお》いところへ

カッコウは自分《じぶん》をそだててくれた鳥《とり》の種類《しゅるい》をおぼえていて、その鳥《とり》ばかりをねらう（モズにそだてられたら、モズの巣《す》ばかりに卵《たまご》をうむ）。カッコウは、自分《じぶん》をそだてた鳥《とり》の多《おお》い場所《ばしょ》にかえってくる。

では、カッコウにだまされる鳥《とり》は、だまされてばかりなのだろうか。カッコウがわたってくるのは5月《がつ》だから、モズはそれまでに一《いち》度《ど》、ヒナを巣《す》だたせていることが多《おお》い。それに、カッコウのすることを見《み》やぶって、近《ちか》くにくるとおいはらうし、あやしい卵《たまご》がまざっていると、その卵《たまご》をすてることもある。いつもだまされていたら、モズたちはそだたずにいなくなってしまうし、それではカッコウもそだててもらえなくなってしまう。

カッコウは、なわばりをでて山《やま》のほうへも毛虫《けむし》を食《た》べにいくため、生活《せいかつ》するひろさは300メートルよりひろい。しかし、わたるきょりとくらべれば、うんとせまいところでくらしている。
カッコウのなわばり
モズどうしのけんか
（なわばりのさかいめ）
モズのなわばり

なわばりのひろさ

少《すこ》し小高《こだか》いところからながめてみる。モズの巣《す》がありそうなやぶにオスがはいると、メスがとびだしてきた。ヒナのせわを交代《こうたい》したようだ。小鳥《ことり》たちは、100メートルほどのひろさを「なわばり」にして子《こ》そだてをする。

カッコウ…。これはオスの声《こえ》。ピピピピピ…とするどいなき声《ごえ》がした。カッコウのメスだ！　オスはメスの声《こえ》のほうへとんでいくが、べつの方向《ほうこう》からちがうカッコウもとんできた。

「コ、カ、カ、カ！」

こうふんした声《こえ》。1羽《わ》のメスを2羽《わ》のオスがとりあっている。カッコウのなわばりのひろさは、300メートルほど。小鳥《ことり》たちよりひろいところをとびまわる。

春《はる》
太陽《たいよう》が北《きた》よりの方角《ほうがく》からのぼり、北《きた》半球《はんきゅう》で昼《ひる》が長《なが》くなる→鳥《とり》は北《きた》へわたりたくなる。
コハクチョウ
ハチクマ
ヒヨドリ
ツバメ
カッコウ
オオソリハシシギ
春《はる》のわたりコース
カッコウ、ツバメなど
ヒヨドリ
コハクチョウ
ハチクマ
オオソリハシシギ

鳥《とり》はなにで春《はる》を感《かん》じる?

わたしたちは、あたたかくなって花《はな》がさくと春《はる》を感《かん》じる。明《あか》るい時間《じかん》が長《なが》くなることでも春《はる》を感《かん》じて、「日《ひ》が長《なが》くなりましたね」という。わたり鳥《どり》も、日《ひ》の長《なが》さを体《からだ》で感《かん》じてわたりたくなってくる。少《すこ》しぐらいさむくても、昼間《ひるま》が長《なが》くなってきたことを体《からだ》が感《かん》じると、北《きた》へいきたくなる。昼間《ひるま》が短《みじか》くなってきたことを感《かん》じると、南《みなみ》へいきたくなる。わたりが近《ちか》づくと、食《た》べたものがどんどん脂肪《しぼう》にかわり、鳥《とり》たちの胸《むね》は脂肪《しぼう》でいっぱいになる。胸《むね》の脂肪《しぼう》はつばさを動《うご》かす筋肉《きんにく》のエネルギーになり、海《うみ》をこえる長《なが》いわたりもできる。

うまれてはじめての旅《たび》でも、鳥《とり》たちがまようことはない。夜《よる》でも星空《ほしぞら》を見《み》てわたっていく。

脂肪《しぼう》と筋肉《きんにく》がついている部分《ぶぶん》
秋《あき》
太陽《たいよう》が南《みなみ》よりの方角《ほうがく》からのぼり、北《きた》半球《はんきゅう》で昼《ひる》が短《みじか》くなる→鳥《とり》は南《みなみ》へわたりたくなる。
ツルやタカなど重《おも》い鳥《とり》は、あたたかい日《ひ》に上昇気流《じょうしょうきりゅう》を利用《りよう》して、なるべく海《うみ》をこえないよう島《しま》をつたってわたる。
小鳥《ことり》は、わたりのまえに胸《むね》につけた脂肪《しぼう》を筋肉《きんにく》を動《うご》かすエネルギーにして、羽《は》ばたきをつづける。夜《よる》のほうが敵《てき》が少《すく》ないので、星《ほし》を見《み》て方向《ほうこう》をたしかめながら、夜空《よぞら》をわたるものが多《おお》い。
コハクチョウ
ハチクマ
ツバメ
ヒヨドリ
カッコウ
オオソリハシシギ
海《うみ》をわたるカッコウ。ときどき島《しま》ではねを休《やす》め、虫《むし》を食《た》べて栄養《えいよう》をとる。
秋《あき》のわたりコース
カッコウ、ツバメなど
ヒヨドリ
コハクチョウ
ハチクマ
オオソリハシシギ

秋《あき》のわたり

8月《がつ》。カッコウのすがたがへってきた。カッコウのように虫《むし》だけを食《た》べる鳥《とり》は、秋冬《あきふゆ》は日本《にほん》より虫《むし》の多《おお》い南《みなみ》の国《くに》へわたるのだ。

9月《がつ》から10月《がつ》、ツバメも東南《とうなん》アジアへ旅《たび》だった。青空《あおぞら》を見《み》あげると、タカ（ハチクマ）がわたっている。日本《にほん》で子《こ》そだてしたハチクマも、東南《とうなん》アジアへむかう。群《む》れでわたっている小鳥《ことり》は、大《おお》きいのがヒヨドリ、小《ち》さいのがメジロ。北日本《きたにほん》から南日本《みなみにほん》へわたっていく。

秋《あき》がふかまる10月《がつ》なかごろ、北《きた》の国《くに》から冬《ふゆ》をこしにやってくる鳥《とり》の気配《けはい》がする。シベリアから新《あたら》しい家族《かぞく》をつれて、ハクチョウが日《に》本《ほん》へやってきた。

カッコウも、南《みなみ》の国《くに》で旅《たび》のつかれをいやしていることだろう。

動物《どうぶつ》どうしのやりとり

人《ひと》のようにおしゃべりできない動物《どうぶつ》は、どうやってなかまに気《き》もちをつたえるのだろう？

声《こえ》でなにをつたえている？

声《こえ》をだしてやりとりする動物《どうぶつ》がいる。キツネは、夫婦《ふうふ》がたがいの場所《ばしょ》をつたえあうとき、ほえるような声《こえ》をだす。敵《てき》を見《み》つけて警戒《けいかい》したり、おどろいたりしたときにもとっさになくので、なかまにきけんをつたえる意味《いみ》もあるのだろう。

シカは群《む》れでくらしているので、1頭《とう》がきけんに気《き》づいてなくと、それを合図《あいず》にみんなが走《はし》ってにげはじめる。秋《あき》にはオスが自分《じぶん》の強《つよ》さを知らせ、メスをよぶために大《おお》きな声《こえ》でなく。サルの群《む》れからはいつもいろいろな声《こえ》がきこえてくる。集団生活《しゅうだんせいかつ》がよりすすんでいる証拠《しょうこ》だろう。

さまざまな動物《どうぶつ》のなかでも、小鳥《ことり》はいちばんいろいろな声《こえ》をだす。ふだんはオスもメスも地《じ》味《み》な声《こえ》でしかなかないが、オスは春《はる》から夏《なつ》に美《うつく》しい声《こえ》でなく。これを「さえずり」といって、自分《じぶん》のなわばりを守《まも》り、メスをよぶ意味《いみ》がある。

陸《りく》にすむ動物《どうぶつ》は空気《くうき》をふるわせて声《こえ》にするが、海《うみ》にすむイルカは水《みず》をふるわせて声《こえ》をだす。群《む》れ、夫婦《ふうふ》、親子《おやこ》など、相手《あいて》によって声《こえ》をかえ、食《た》べものがあるとき、きけんなとき、おだやかな気分《きぶん》のときなどでも声《こえ》がちがう。声《こえ》のほかに、人《ひと》の耳《みみ》にきこえない超音波《ちょうおんぱ》もだして、なかまとやりとりをする。

声以外《こえいがい》のやりとり

声《こえ》をださない動物《どうぶつ》も、自分《じぶん》の気《き》もちをつたえることができる。どの動物《どうぶつ》も、結婚相手《けっこんあいて》を見《み》つけて気《き》もちをつたえるのがだいじなやりとりだ。

魚《さかな》の目《め》は、色《いろ》を見《み》わけることができる。結婚《けっこん》の季節《きせつ》には体《からだ》の色《いろ》がかわってなかまにその気《き》もちをつたえる魚《さかな》も多《おお》い。集団《しゅうだん》で卵《たまご》をうむ場所《ばしょ》にあつまり、結婚《けっこん》の気《き》もちを高《たか》めあう魚《さかな》も多《おお》い。

ヘビやトカゲやカメは結婚《けっこん》の季節《きせつ》にオスがにおいでメスを見《み》つけて近《ちか》づく。

多《おお》くのほ乳類《にゅうるい》は目《め》がわるいので、耳《みみ》や鼻《はな》をつかってなかまとであう。あまりなかないものもいるが、どんなときでもたいせつなのは、夫婦《ふうふ》や親子《おやこ》での「体《からだ》のふれあい」というやりとりだ。

カエル

オスはほおの袋《ふくろ》やのどをふくらませてなき、結婚相手《けっこんあいて》をよぶ。卵《たまご》をうみおえたメスは、オスにだきつかれるとグッグッなどとひくくないて、オスをはなれさせる。

キツネ

イヌのようにほえる声《こえ》や、あまえた声《こえ》をだす。とくに夫婦《ふうふ》や親子《おやこ》で近《ちか》くにいるとき、いろいろな弱《よわ》い声《こえ》をだす。

ウグイス

オスは、１羽《わ》が3～4種類《しゅるい》のなきかたの「さえずり」をもっていて、それをつぎつぎとかえながらなく。ライバルが近《ちか》づいたときは、ひくい「ホーホホホキョコッ」というさえずりをよくだす。

コウモリ

とびながら超音波《ちょうおんぱ》をだし、そのはねかえりを耳《みみ》でうけて、ものや食《た》べものがあることを知《し》ったり、自分《じぶん》の親《おや》や子《こ》をたしかめあったりするなど、耳《みみ》で世界《せかい》を感《かん》じている。

イルカ

笛《ふえ》のような声《こえ》や、なにかをたたく音《おと》のような声《こえ》のほか、超音波《ちょうおんぱ》をだしてそのはねかえりをきき、遠《とお》くのもの（陸地《りくち》や小魚《こざかな》など）を知《し》ることもできる。

第《だい》4章《しょう》 動物《どうぶつ》の子《こ》そだて

この章《しょう》に登場《とうじょう》する動物《どうぶつ》　タナゴ　イモリ　ツバメ　サル

どの動物《どうぶつ》も、うまれてから成長《せいちょう》しておとなになっていくが、
そのあいだはどのようにしてそだてられるのだろう。
多《おお》くの小《ちい》さな動物《どうぶつ》は、
卵《たまご》をうんだ親《おや》は子《こ》そだてせず、そのまま死《し》んでしまうため、
それを見《み》こしてたくさんの卵《たまご》をうむ。
しかし、魚《さかな》のなかでもタナゴは、
貝《かい》のなかに卵《たまご》をうむという方法《ほうほう》で、稚魚《ちぎょ》（赤《あか》ちゃん）が死《し》なないようにしている。
両生類《りょうせいるい》は水《みず》のなかに卵《たまご》をうみ、親《おや》はせわをしない。
鳥《とり》やほ乳類《にゅうるい》は、卵《たまご》やこどもの数《かず》が少《すく》なく、親《おや》がたいせつにそだてる。
この章《しょう》では、タナゴ、イモリ、ツバメ、サルをとりあげて、
その子《こ》そだてのようすをみる。

ミヤコタナゴ

オス

メス

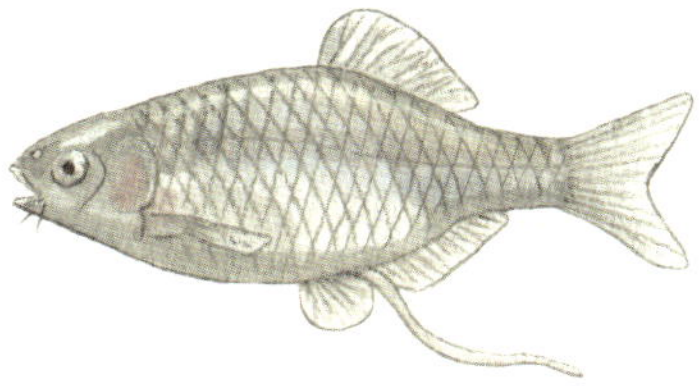

タナゴのなかまは、日本《にほん》では14種類《しゅるい》が知《し》られている。ミヤコタナゴのオスは、きれいな青《あお》むらさき色《いろ》でひれがオレンジ色《いろ》になるが、メスは地味《じみ》な銀色《ぎんいろ》だ。魚《さかな》には、オスとメスとで体《からだ》のかたちや色《いろ》がことなるものがいる。

春《はる》〜夏《なつ》　タナゴ

田《た》んぼの横《よこ》をながれる小川《おがわ》は、生《い》きものたちでにぎやかだ。ギンブナやアブラハヤは群《む》れになって川《かわ》のなかほどをおよぎ、ヨシノボリやドジョウが川底《かわぞこ》の石《いし》のあいだにひそんでいる。水草《みずくさ》のなかにはエビやミズカマキリがかくれている。青《あお》むらさき色《いろ》の美《うつく》しい魚《さかな》がキラキラとかがやいているのが見《み》えた……タナゴ（ミヤコタナゴ）。大《おお》きさ5センチほどの小《ちい》さな魚《さかな》だ。

ながれのはやいところにいるのはアブラハヤ。はやくおよげるように流線型《りゅうせんけい》をしている。底《そこ》のどろのなかにすむドジョウはどろや石《いし》の下《した》にはいりやすいように細長《ほそなが》い体《からだ》をしている。タナゴはひらひらとおよぎ、むきを急《きゅう》にかえられるように、ひらたい体《からだ》をしている。

人《ひと》は肺《はい》で息《いき》をし、空気《くうき》から酸素《さんそ》をとりいれている。いっぽう、魚《さかな》や貝《かい》は、「えら」という器官《きかん》をつかって水《みず》のなかで息《いき》をする。

タナゴのオスは、繁殖期《はんしょくき》（自分《じぶん》のこどもをうんでふやす時期《じき》）になると体《からだ》がむらさき色《いろ》とオレンジ色《いろ》にそまる。

タナゴの産卵《さんらん》

春《はる》から初夏《しょか》にかけて、あたたかい日《ひ》がつづき、川《かわ》の水《みず》がぬるんできたので、タナゴが茶色《ちゃいろ》の大《おお》きな二枚貝《にまいがい》のまわりにあつまってきた。

オスは、貝《かい》のまわりになわばりをつくり、しきりにほかのオスをおいはらっている。メスは、おしりのあたりに「産卵管《さんらんかん》」とよばれる長《なが》いしっぽのような管《くだ》をもっている。なわばりあらそいに勝《か》ったオスはメスをさそい、この長《なが》い産《さん》卵管《らんかん》ですばやく二枚貝《にまいがい》のえらのなかに卵《たまご》をうんだ。

川《かわ》のあさいところにはちがう貝《かい》も見《み》える。カワニナやマルタニシだ。小《ち》さなソフトクリームのように、貝《かい》がらがまいたかたちをした「まき貝《がい》」だ。

ドブガイに卵《たまご》をうむメス
産卵管《さんらんかん》
入水管《にゅうすいかん》
出水管《しゅっすいかん》
ドブガイ
出水管《しゅっすいかん》からでる。
出水管《しゅっすいかん》
ドブガイのえらには、小《ちい》さい貝《かい》をそだてるためのすきまがある。タナゴは、ここをつかって卵《たまご》をうむ。
ドブガイのえらにうみつけられた卵《たまご》。
卵《たまご》からかえって10日後《とおかご》の稚魚《ちぎょ》（貝《かい》のなか）。

卵《たまご》からかえった稚魚《ちぎょ》（貝《かい》のなか）。

貝《かい》のなかの赤《あか》ちゃん

タナゴの卵《たまご》は大《おお》きさ2ミリくらいで、まるいかたちをしており、3日《みっか》でかえって稚魚《ちぎょ》（赤《あか》ちゃん）になる。うまれたばかりの稚魚《ちぎょ》には目《め》や口《くち》などはなく、黄色《きいろ》い小《ちい》さなイモムシのようだ。おなかに栄《えい》養《よう》のつまった袋《ふくろ》をもっているので、貝《かい》のなかではなにも食《た》べない。やがて、だんだんと目《め》やひれができ、内臓《ないぞう》や骨《ほね》もできてくる。

貝《かい》のえらのなかは、新《あたら》しい水《みず》がいつもでいりし、ほかの魚《さかな》や昆虫《こんちゅう》などから守《まも》られるので、安全《あんぜん》だ。二枚貝《にまいがい》はタナゴの赤《あか》ちゃんをそだてるゆりかごなのだ。

ひと月《つき》ほどたち、およげるようになると、自分《じぶん》の力《ちから》でせまい貝《かい》のえらのなかから出水管《しゅっすいかん》を通《とお》って、ひろい外《そと》の世界《せかい》へとでていく。

クロマグロ

夏《なつ》、海面近《かいめんちか》くで大《おお》きさ1ミリくらいの卵《たまご》を、たくさんばらまくようにうむ。

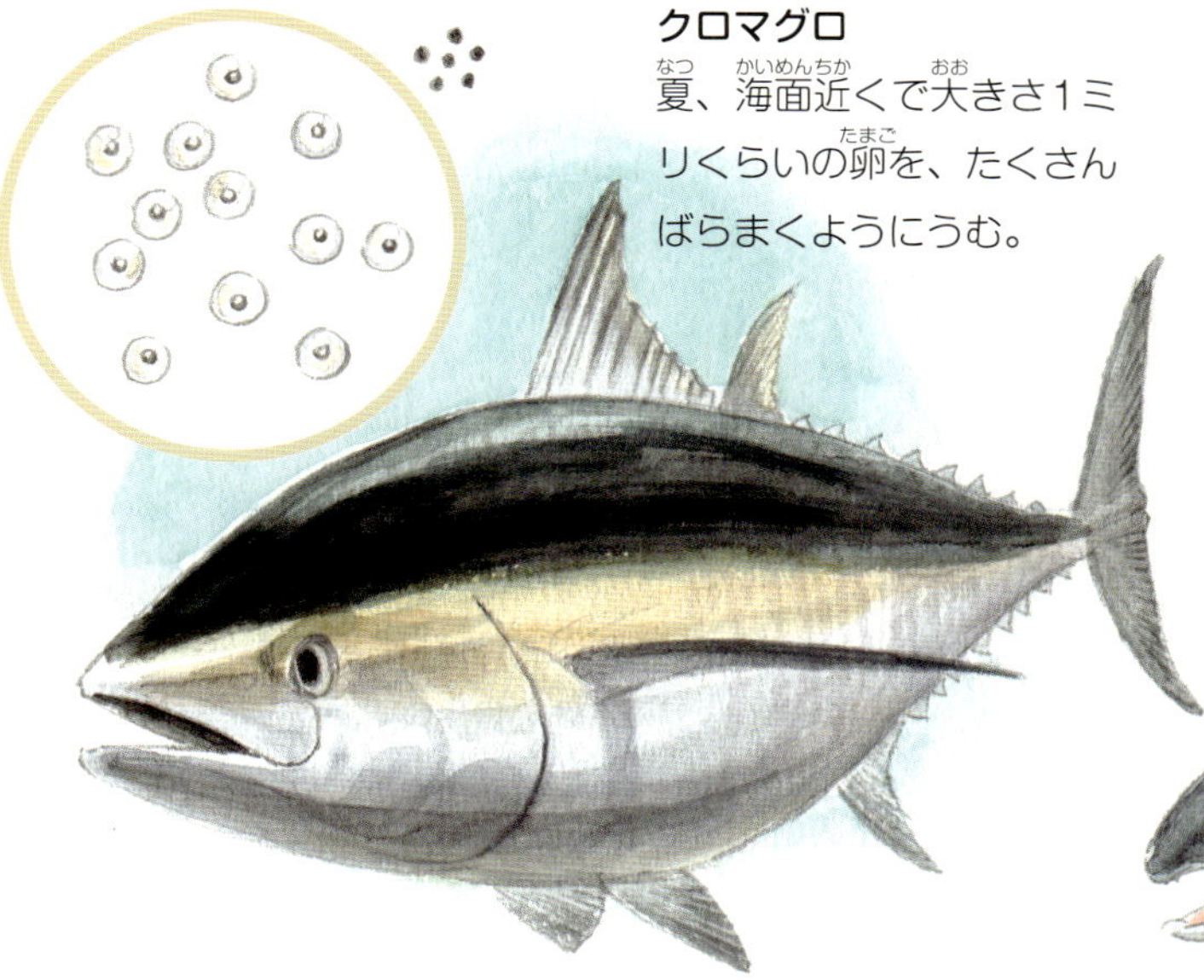

サケ

秋《あき》、川底《かわぞこ》に産《さん》卵床《らんしょう》（卵《たまご》をうむためのくぼみ）をほり、大《おお》きさ6ミリくらいの卵《たまご》をうむ。

シマヨシノボリ

春《はる》、川底《かわぞこ》の石《いし》のうらに大《おお》きさ2ミリくらいの卵《たまご》をうみつけ、卵《たまご》からかえるまでオスが守《まも》る。

ゼニタナゴ

秋《あき》、ドブガイなどの二《に》枚貝《まいがい》のえらに大《おお》きさ3ミリくらいの卵《たまご》をうむ。

魚《さかな》の卵《たまご》

マグロやサバのように、小《ちい》さい卵《たまご》をたくさんうむ魚《さかな》の卵《たまご》からは、一度《いちど》に何万尾《なんまんび》もの稚魚《ちぎょ》がうまれる。小《ちい》さい卵《たまご》は水中《すいちゅう》にばらまかれ、ほかの魚《さかな》に食《た》べられるため、生《い》きのこる魚《さかな》は少《すく》ない。シマヨシノボリやトゲウオのように、卵《たまご》の数《かず》は多《おお》くはないが、大《おお》きめの卵《たまご》をうんで、オスが卵《たまご》を守《まも》る魚《さかな》もいる。

ミヤコタナゴも卵《たまご》の数《かず》が10個《こ》ほどで少《すく》ないが、二《に》枚貝《まいがい》のなかにかくれているので、安全《あんぜん》だ。おなじタナゴのなかまでも、ゼニタナゴは卵《たまご》をうむ数《かず》が多《おお》くて、100個《こ》以上《いじょう》うむことがある。ゼニタナゴは、秋《あき》に卵《たまご》をうむ。卵《たまご》からかえった稚魚《ちぎょ》は、冬《ふゆ》のあいだ二《に》枚貝《まいがい》のなかですごし、あたたかい春《はる》になると貝《かい》からでてくる。

夏《なつ》〜秋《あき》・稚魚《ちぎょ》の成長《せいちょう》

貝《かい》からでてきたタナゴの稚魚《ちぎょ》(赤《あか》ちゃん)は、しばらく水面《すいめん》にういてふらふらしているが、しだいにあつまって大《おお》きな群《む》れになり、川《かわ》の水面近《すいめんちか》くをゆっくりとおよぐ。はじめのうちはおよぐ力《ちから》が弱《よわ》いので、トンボの幼虫《ようちゅう》のヤゴやミズカマキリなどの水生昆虫《すいせいこんちゅう》につかまったり、大《おお》きな魚《さかな》に食《た》べられてしまう。

稚魚《ちぎょ》の成長《せいちょう》ははやく、ミジンコや小《ちい》さな虫《むし》を食《た》べ、みるみるうちに大《おお》きくなる。ほかの大《おお》きな魚《さかな》や昆虫《こんちゅう》が近《ちか》くにきても、さっと水草《みずくさ》のなかにかくれることができる。

稚魚《ちぎょ》たちは、秋《あき》がくるころには3センチをこえる大《おお》きさになる。オスは、おとなとおなじような、青《あお》むらさき色《いろ》にそまる。

冬《ふゆ》をこす

冬《ふゆ》になると川《かわ》の水《みず》はつめたくなり、タナゴのえさになる生《い》きものや水草《みずくさ》もへる。さむい日《ひ》には、川《かわ》や池《いけ》の水《みず》がこおることも多《おお》く、きびしい季節《きせつ》だ。ドジョウやヤゴはどろや落《お》ち葉《ば》のなかにはいり、ほとんど動《うご》かなくなる。カメやカエルは土《つち》のなかにもぐって、春《はる》までのねむりにつく。

タナゴは、真冬《まふゆ》には、わき水《みず》のでている場所《ばしょ》や水《みず》のふかい場所《ばしょ》、落《お》ち葉《ば》がつもった場所《ばしょ》など、水《みず》があまりつめたくないところにあつまり、春《はる》がくるのをじっとまつ。

天気《てんき》がいい日《ひ》には、昼《ひる》にはかなりあたたかくなる。そんな日《ひ》、タナゴはえさをさがしておよぎまわり、水草《みずくさ》や落《お》ち葉《ば》、藻類《そうるい》や小動物《しょうどうぶつ》をついばむ。

二枚貝《にまいがい》がないと、タナゴは生《い》きていけない。
生《い》きものは、ほかの生《い》きものとつながって生《い》きている。
タナゴ
二枚貝《にまいがい》
二枚貝《にまいがい》の赤《あか》ちゃんは、水《みず》のなかにはなたれるとヨシノボリのひれなどにくっついて大《おお》きくなる。ヨシノボリがいないと、二枚貝《にまいがい》は生《い》きていけない。
グロキジュウム幼生《ようせい》
シマヨシノボリ

つながる生《い》きもの

タナゴが卵《たまご》をうむドブガイなどの二枚貝《にまいがい》は、赤《あか》ちゃんのときにほかの魚《さかな》におせわになっている。たとえば、ドブガイの赤《あか》ちゃん（グロキジュウム幼生《ようせい》）は、ヨシノボリの体《からだ》やひれにくっつき、栄養《えいよう》をもらって大《おお》きくなる。大《おお》きくなった幼《おさな》い貝《かい》たちは、魚《さかな》からはなれて、川《かわ》の底《そこ》でくらしはじめる。

タナゴが生《い》きていくためには、二枚貝《にまいがい》だけでなく、二枚貝《にまいがい》の赤《あか》ちゃんをそだてるヨシノボリもいなくてはならない。

このように、生《い》きものはほかの生《い》きものとつながって生《い》きている。川《かわ》の生《い》きものだけでなく、サンゴ礁《しょう》でくらすクマノミのなかまとイソギンチャク、花《はな》とハチやチョウのあいだにも見《み》られる。

水辺《みずべ》の生《い》きものたちは、年々《ねんねん》へっている。水《みず》がよごれたり、川岸《かわぎし》や川底《かわぞこ》をコンクリートでかためたり、ダムや堰《せき》をつくったためだ。

ダムや堰《せき》は、人《ひと》が水《みず》をのんだり、電気《でんき》をつくったり、農業《のうぎょう》に必要《ひつよう》な水《みず》を田畑《たはた》にはこぶためにつくられたが、そこでくらす生《い》きものにとってはすみにくい川《かわ》になってしまった。

コンクリートのU字溝《ユーじこう》をつなげた水路《すいろ》

堰《せき》

川《かわ》の水《みず》をせきとめて、水《みず》の高《たか》さをあげて用水《ようすい》路《ろ》に水《みず》をとりいれる。

川岸《かわぎし》をコンクリートでかためる

魚《さかな》がくらす場所《ばしょ》

川《かわ》や池《いけ》には、魚《さかな》やカエル、エビ、昆虫《こんちゅう》などのたくさんの生《い》きものがいて、生《い》きものどうしがたがいにつながりをもちながら、バランスよく生《い》きてきた。

しかし、都会《とかい》では、たくさんの人《ひと》がすみ、自然《しぜん》がうしなわれて、このつながりやバランスが大《おお》きくくずれてしまった。むかしから魚《さかな》たちは、卵《たまご》をうむ場所《ばしょ》を工夫《くふう》したり、親《おや》が卵《たまご》を守《まも》ったりして、命《いのち》をひきついできた。魚《さかな》がくらす場所《ばしょ》の環境《かんきょう》がかわると、魚《さかな》たちは生《い》きづらくなる。

多《おお》くの生《い》きものが安心《あんしん》して生《い》きていくためには、人間《にんげん》が生《い》きもののつながりを考《かんが》えて自然《しぜん》を守《まも》らなければならない。

動物《どうぶつ》の色《いろ》

動物《どうぶつ》にはさまざまな色《いろ》をしたものがいる。ほかの動物《どうぶつ》に食《た》べられないようにめだたない色《いろ》をしたものもいるし、ぎゃくに「自分《じぶん》はこわいぞ」とめだつ色《いろ》をもつものもいる。そのほか、なかまの目《め》につきやすいようにめだつ色《いろ》をしている動物《どうぶつ》もいる。

めだたない工夫《くふう》

ネズミは、うす茶色《ちゃいろ》やこげ茶色《ちゃいろ》をしたものが多《おお》い。こういう色《いろ》は、かれ葉《は》のようでもあるし、地面《じめん》のようでもあるので、まわりの景色《けしき》にとけこんでしまう。

スズメやホオジロなどもおなじように茶色《ちゃいろ》や黒《くろ》の色《いろ》でめだたない。ウグイスやメジロは緑色《みどりいろ》なので木《き》のなかにいると、あたりととけこんでしまう。

魚《さかな》のうち、海《うみ》の水面近《すいめんちか》くにおよぐものは背中《せなか》が青《あお》、おなかが白《しろ》のものが多《おお》い。上《うえ》から見《み》れば海《うみ》の色《いろ》だし、下《した》から見《み》れば空《そら》の色《いろ》だから、見《み》つけにくい。

敵《てき》にめだつ工夫《くふう》

ヤマカガシという毒《どく》をもつヘビは、はでな色《いろ》をしており、おこると体《からだ》を横《よこ》にひろげるので、かなり大《おお》きく見《み》え、赤《あか》い色《いろ》のもようがめだつ。

これはヘビを食《た》べようとする鳥《とり》やけものに「おれはあぶないぞ」とつたえるためだ。

ハチは黄色《きいろ》と黒《くろ》のだんだらもようでとてもめだつが、これもおなじで、昆虫《こんちゅう》を食《た》べようとする動物《どうぶつ》はハチを見《み》ると「あ、さされるから食《た》べないようにしよう」と思《おも》う。

なかまにめだつ

キジやマガモ、オシドリなどの鳥《とり》のオスにはとてもめだつものがいる。魚《さかな》でも、タナゴやオイカワのオスはずいぶんはでな色《いろ》をしている。ライチョウのオスのトサカや、バンのオスのくちばしもめだつ。これは、めだつオスのほうがメスに人気《にんき》があるためだ。

色《いろ》ではないが、シカの角《つの》もおなじで、角《つの》がりっぱなオスのほうがメスに人気《にんき》がある。

ハタネズミ
こげ茶色《ちゃいろ》なので、地面《じめん》の色《いろ》にとけこんでしまう。

メジロ
体《からだ》の色《いろ》が緑色《みどりいろ》なので、木《き》の葉《は》のなかでめだたない。

オシドリ
着《き》かざったように、はでなもようのオス。

オイカワ
結婚《けっこん》の季節《きせつ》になると、虹《にじ》のようにきれいな色《いろ》になる。

ハチ
黄色《きいろ》と黒《くろ》のだんだらもようは、とてもめだつ。

ヤマカガシ
おこると体《からだ》をひろげ、赤《あか》と黒《くろ》がめだつ。

オスはメスをにおいでかぎわける。

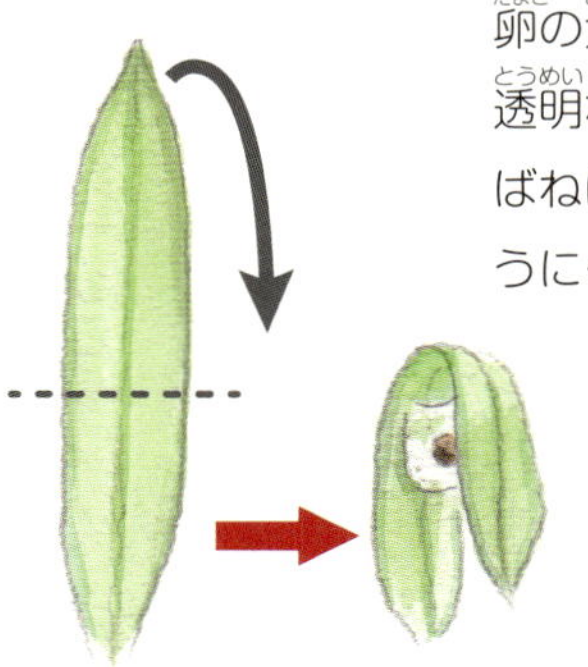

卵《たまご》の大《おお》きさは、約《やく》2ミリ。まわりを透明《とうめい》なゼリーがつつむ。ゼリーはねばねばしているので、葉《は》をのりのようにくっつけることができる。

春《はる》 水中《すいちゅう》ダンス

田《た》んぼに水《みず》がはいりはじめた5月《がつ》なかば。水底《みずぞこ》で小《ちい》さな恐竜《きょうりゅう》のような生《い》きものが2匹《ひき》、くねくねとおどっている。イモリのオスとメスだ。オスは尾《お》をメスのほうへまげて、鼻先《はなさき》でぷるぷるとふるわせる。それをメスがつんっとついた。するとオスはくるりとメスとおなじ方向《ほうこう》へむき、2匹《ひき》はそのままおよいでいった。カップル成立《せいりつ》だ。

田《た》んぼのなかをおよいでいるメスは、水中《すいちゅう》の草《くさ》を見《み》つけると、その葉《は》をうしろあしではさみ、ふたつにおりたたむ。しっぽのつけ根《ね》をくっつけて十数秒間《じゅうすうびょうかん》じっとしていたが、ふらりとまたおよいでいった。葉《は》はおりたたまれたままだ。このなかに小《ちい》さな卵《たまご》がひとつはいっている。

卵《たまご》をうんでからオタマジャクシがでてくるまで、だいたい1か月《げつ》かかる。
トノサマガエル
タイコウチ
トンボの幼虫《ようちゅう》（ヤゴ）
イモリの幼生《ようせい》
（おとなになるまえのすがた）

春《はる》～初夏《しょか》
卵《たまご》からオタマジャクシへ

はじめまんまるの卵《たまご》は、1週間《しゅうかん》くらいでダルマのようなかたちになる。さらに1週間《しゅうかん》たつと細長《ほそなが》くなってしっぽと頭《あたま》がわかるようになる。卵《たまご》をうんでから1か月《げつ》くらいで、守《まも》られていた葉《は》からでてオタマジャクシとしておよぎだす。

オタマジャクシは、水中《すいちゅう》でいろいろなものを食《た》べてそだつ。イトミミズやカの幼虫《ようちゅう》のボウフラ、死《し》んだ魚《さかな》やオタマジャクシも食《た》べる。

この時期《じき》のイモリは、もっともきけんにさらされている。大《おお》きなカエルや魚《さかな》、トンボの幼虫《ようちゅう》ヤゴ、肉食《にくしょく》の水生昆虫《すいせいこんちゅう》など、たくさんの生《い》きものがイモリのオタマジャクシをねらっている。生《い》きのびて、おとなになるのはほんのわずかだ。

トウキョウサンショウウオの卵《たまご》。バナナのかたちのゼリーにつつまれている。

モリアオガエルの卵《たまご》はあわにつつまれている。1匹《ぴき》のメスのまわりに数匹《すうひき》のオスがしがみついている。

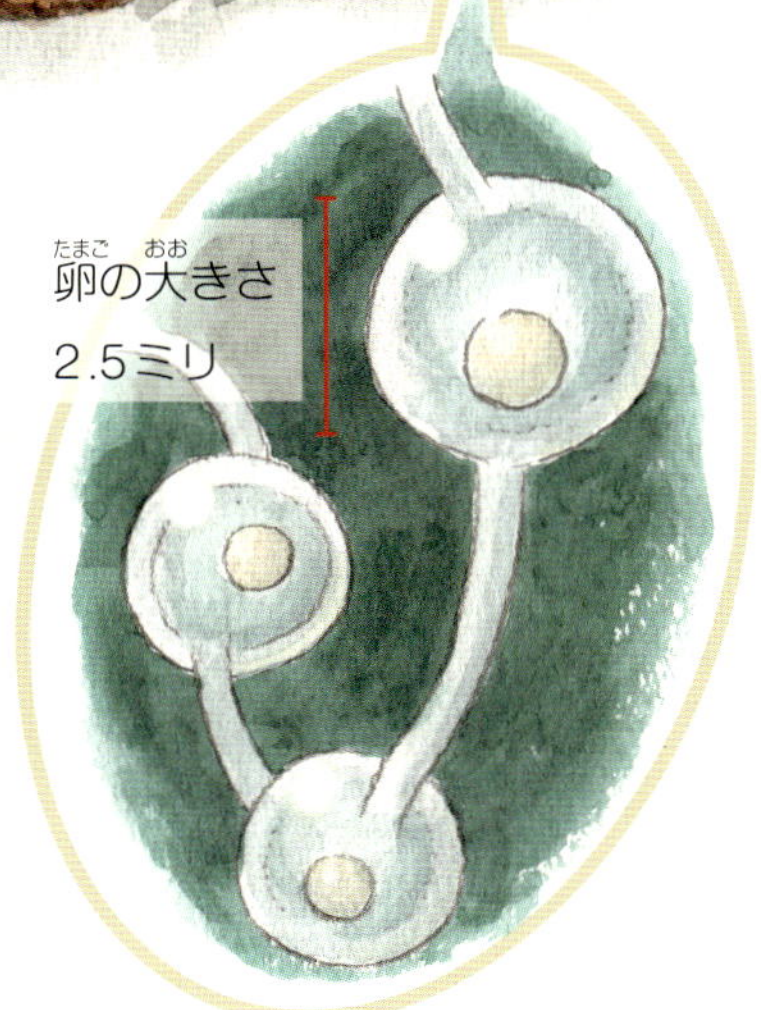

オオサンショウウオの卵《たまご》は透明《とうめい》なゼリーにつつまれ、おたがいにくっついている。

いろいろな卵《たまご》

　イモリは、カエルとおなじ両生《りょうせい》類《るい》のなかまだ。カエルとのちがいは、おとなになっても尾《お》をもつこと。イモリのほかにも、サンショウウオのなかまなどが尾《お》をもつ両《りょう》生類《せいるい》だ。

　イモリは数十《すうじゅう》から数百個《すうひゃっこ》の卵《たまご》をバラバラにうむが、サンショウウオのなかまは細長《ほそなが》い卵《たまご》の袋《ふくろ》をふたつずつうむことが多《おお》い。

　両生類《りょうせいるい》でもっとも大《おお》きいオオサンショウウオは、産卵《さんらん》の時期《じき》になると、オスが川底《かわぞこ》や大《おお》きな岩《いわ》の下《した》にあなをほってメスがくるのをまつ。メスはそこで数百個《すうひゃっこ》の大《おお》きな卵《たまご》のかたまりをうむ。メスは卵《たまご》をうむとすぐにいなくなるが、オスはのこってオタマジャクシがうまれるまで卵《たまご》を守《まも》り、せわをする。

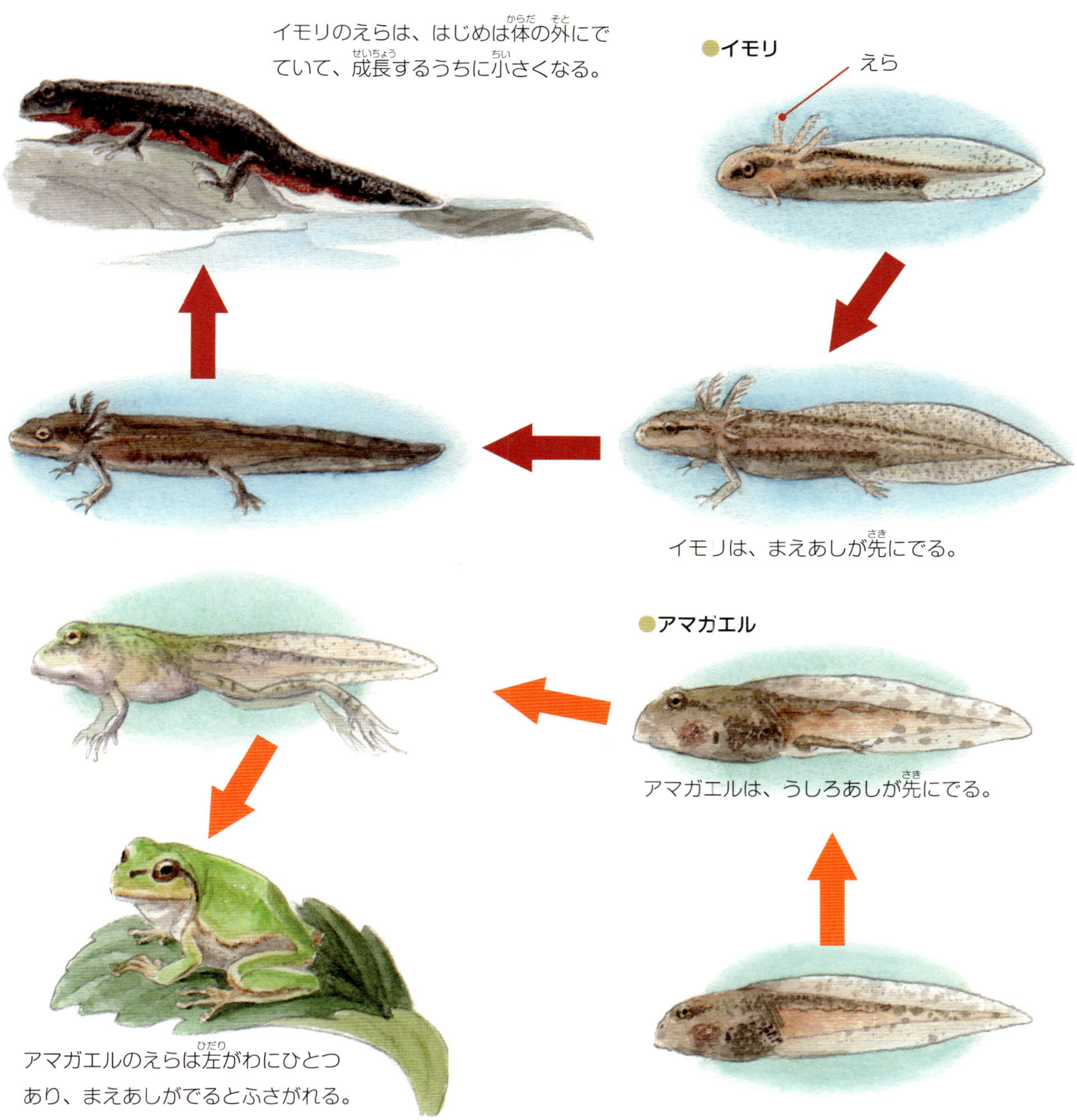
イモリのえらは、はじめは体《からだ》の外《そと》にでていて、成長《せいちょう》するうちに小《ちい》さくなる。
イモリ
えら
イモリは、まえあしが先《さき》にでる。
アマガエル
アマガエルは、うしろあしが先《さき》にでる。
アマガエルのえらは左《ひだり》がわにひとつあり、まえあしがでるとふさがれる。

おとなになる

イモリは、オタマジャクシのあいだは「えら」で息《いき》をする。えらは、水《みず》のなかの酸素《さんそ》をとりこむことができる。

オタマジャクシには、頭《あたま》のうしろ左右《さゆう》に3本《ぼん》ずつ角《つの》のようなものがついている。これがえらだ。魚《さかな》やカエルのオタマジャクシはえらが体《からだ》のなかにあるが、イモリのオタマジャクシは体《からだ》の外《そと》にでている。

イモリとカエルは、あしのでかたがちがう。イモリのオタマジャクシは、まずまえあしが、つぎにうしろあしがのびる。うしろあしがのびてしばらくすると、いつのまにかえらがきえて、肺《はい》で息《いき》をするようになる。そのころ、あしで歩《ある》いて水《みず》からあがり、しばらくは陸《りく》の上《うえ》で生活《せいかつ》する。

まだ紅葉《こうよう》まえの雑木林《ぞうきばやし》
イタチ
トラツグミ
わかいイモリ
おとなのイモリ

夏《なつ》〜秋《あき》 陸《りく》ですごす

イモリは、日本《にほん》にいる両生類《りょうせいるい》のなかでは、水《みず》のなかで生活《せいかつ》する時《じ》間《かん》が長《なが》い。卵《たまご》で1か月《げつ》。オタマジャクシでさらに1か月《げつ》ほど。そのあとは、しばらく水辺《みずべ》の落《お》ち葉《ば》の下《した》やあさい土《つち》のなかですごす。わかいイモリは、小《ちい》さな生《い》きものをもとめて地下《ちか》と地上《ちじょう》のすきまを歩《ある》きまわる。2年《ねん》くらいはこうした生活《せいかつ》をつづけ、少《すこ》しずつ大《おお》きくなる。冬《ふゆ》もおなじ場所《ばしょ》で冬眠《とうみん》する。

3年《ねん》くらいでおとなになり、ふたたび田《た》んぼや小川《おがわ》、山《やま》のなかの池《いけ》など水《みず》のなかで生活《せいかつ》する。水《みず》のなかで生活《せいかつ》してもおとなのイモリは肺《はい》で息《いき》をするので、ときどき水《すい》面《めん》に顔《かお》をだす。冬眠場所《とうみんばしょ》は、わかいイモリとおなじ、落《お》ち葉《ば》の下《した》やしめったやわらかいどろのなかだ。

静《しず》かな晩秋《ばんしゅう》の里山《さとやま》。

きえゆくすみか

いま、イモリがすめる環境《かんきょう》がなくなりつつある。田《た》んぼのまわりや水路《すいろ》がコンクリートでかためられているので、水《みず》と陸《りく》とを行《い》き来《き》しにくくなったのだ。

イモリのあしは短《みじか》くて、指《ゆび》に吸《きゅう》盤《ばん》はない。そのため、トノサマガエルのようにジャンプして陸《りく》にあがることも、アマガエルのようにかべをのぼることもできない。なんとか陸《りく》へあがってみても、落《お》ち葉《ば》がつもったり、草《くさ》がおいしげったりした場所《ばしょ》がなければ、わかいイモリの居場所《いばしょ》はないし、冬眠《とうみん》もできない。

50年《ねん》くらいまえまで日本《にほん》じゅうの田《た》んぼでふつうに見《み》られたイモリは、いまではめずらしい生《い》きものとなってしまった。

あしのかたちをくらべる

上《うえ》がイモリのあしで、下《した》がカエルのあし。カエルのうしろあしは長《なが》くて筋肉《きんにく》が発達《はったつ》している。このおかげで、カエルはジャンプがとくいだ。いっぽう、イモリは歩《ある》くことしかできない。

イモリの歩《ある》きかた

片方《かたほう》のまえあしと、反対《はんたい》がわのうしろあしを同時《どうじ》にだす。これでは、すばやくは動《うご》けない。

目《め》のうしろに、毒《どく》をためるための袋《ふくろ》（耳腺《じせん》）をもっている。

赤《あか》いおなかは「毒《どく》をもっている」というサイン。全身《ぜんしん》の皮《ひ》ふから毒《どく》をだすので、さわったらかならず手《て》をあらおう。

およぐとき

カエルはうしろあしのキックでおよぐが、イモリはおよぐときにあしをつかわない。

毒《どく》をもつのはなぜ？

イモリは、歩《ある》くとき片方《かたほう》のまえあしと反対《はんたい》がわのうしろあしを同《どう》時《じ》に動《うご》かす。すばやくは歩《ある》けないので、陸上《りくじょう》を長《なが》く歩《ある》かない。水底《みずぞこ》でもゆっくり歩《ある》いてえさをさがす。息《いき》をするために水面《すいめん》に顔《かお》をだすときやきけんがせまったとき、あしを体《からだ》にぴったりとつけて尾《お》をつかっておよぐのだが、とてもおそい。

動《うご》きがおそいイモリは敵《てき》から身《み》を守《まも》るために体内《たいない》や皮《ひ》ふに毒《どく》をもっている。赤《あか》くめだつおなかは、毒《どく》をもつサインだ。ただ、水鳥《みずどり》のサギなどはイモリをよく食《た》べる。あまり強《つよ》い毒《どく》ではないのだろう。

イモリやカエルなどの両生類《りょうせいるい》は、皮《ひ》ふに毒《どく》をもつのがとくちょうだ。これは、皮《ひ》ふから病気《びょうき》がはいるのをふせぐためだともいわれている。

モリアオガエルのオタマジャクシが卵《たまご》からかえり水《みず》のなかに落《お》ちると、イモリのごちそうになる。

イモリのえさ

口《くち》にはいるものなら、なんでも食《た》べる。

落《お》ちた昆虫《こんちゅう》
アカムシ
ミジンコ
死《し》んだ魚《さかな》
オタマジャクシ
ヨコエビ
稚魚《ちぎょ》
ミミズ

イモリの楽園《らくえん》

6月《がつ》、山《やま》あいの池《いけ》にはりだした木々《きぎ》に、にぎりこぶしくらいの白《しろ》いあわがたくさんついている。モリアオガエルの卵《たまご》だ。なかには500個《こ》以上《いじょう》の卵《たまご》がはいっている。卵《たまご》をうんで約《やく》2週間《しゅうかん》、あわのなかのオタマジャクシは、あわからでて池《いけ》の水《みず》のなかへ落《お》ちる。それを下《した》でまっているのはイモリだ。イモリは、オタマジャクシが落《お》ちてくるとすぐに食《く》いつく。モリアオガエルの池《いけ》はイモリの楽園《らくえん》だ。

それでもモリアオガエルは、イモリが食《た》べきれないくらいの卵《たまご》をうむ。イモリのごちそうが空《そら》からふってくるのは、1年《ねん》じゅうでほんのいっとき。だから、イモリがふえすぎて、モリアオガエルがいなくなってしまうこともない。

ツバメはわたり鳥《どり》。冬《ふゆ》のあいだは南《みなみ》の国《くに》（東南《とうなん》アジア）ですごしていた。

町《まち》のなかでは、サクラの花《はな》のみつをすいに、ヒヨドリ（左《ひだり》）やメジロ（右《みぎ》）があつまっている。

わたってきたばかり

日本《にほん》は春《はる》、夏《なつ》、秋《あき》、冬《ふゆ》の4つの季節《きせつ》がはっきりしている。春《はる》になるとあたたかくなり、花《はな》もさきはじめる。花《はな》がさき、木々《きぎ》の新芽《しんめ》が開《ひら》きはじめると、そこにあつまる虫《むし》たちも目《め》をさます。卵《たまご》からでてくる虫《むし》の幼虫《ようちゅう》もたくさんいる。

3月《がつ》に南《みなみ》からかえってきたばかりのツバメは、きょねんの巣《す》がのこっていれば、そこにとまったり、どろをたしてなおしたりする。そこでねることもある。でも、きょねんうまれたわかいツバメは、日本《にほん》にかえってきてもまだ自分《じぶん》の巣《す》がないので、新《あたら》しくつくらなければならない。場所《ばしょ》をきめ、材料《ざいりょう》をあつめてつくるのに、何日《なんにち》もかかる。それまでは、どこでねているのだろうか。

いろいろな鳥《とり》のねぐら

ハクチョウ

カラス

ふつうの小鳥《ことり》は、スギやモミなど緑《みどり》の葉《は》が多《おお》い木《き》をねぐらにする。

きょねんの巣《す》のある場所《ばしょ》で、きょねんの相手《あいて》にであえた。オスはその相手《あいて》にあらためてプロポーズする。

きょねんの巣《す》がのこっていた。つかうまえに補修《ほしゅう》（修理《しゅうり》）する。

まだ巣《す》のないツバメは、のき下《した》や電線《でんせん》で夜《よる》をすごしている。

巣《す》とねぐら

巣《す》のないツバメは、のき下《した》や電《でん》線《せん》で夜《よる》をすごす。でも、そこを巣《す》とはいわない。カラスは、夕方森《ゆうがたもり》にあつまり、木《き》にとまって夜《よる》をむかえる。でも、どこにも巣《す》らしいものはない。そこはカラスの「ねぐら」だ。

　鳥《とり》の巣《す》は、ねる場所《ばしょ》という意味《いみ》でも、家《いえ》という意味《いみ》でもない。そこは、子《こ》そだてをするためのものなのだ。巣《す》は、こどものためだけにあるので、とても小《ちい》さくつくられている。ツバメの巣《す》も、親《おや》の顔《かお》やしっぽは外《そと》にでている。

　メスの親鳥《おやどり》が卵《たまご》をあたためながら夜《よる》をすごすとき、オスはどこかよそでねている。ほかの小鳥《ことり》たちは、木《き》のしげみの枝《えだ》にとまってねていることが多《おお》い。

田《た》んぼなどにおりて、どろとわらを交互《こうご》にくわえ、口《くち》いっぱいになったら巣《す》のところにとんでいく。

巣《す》のかたち

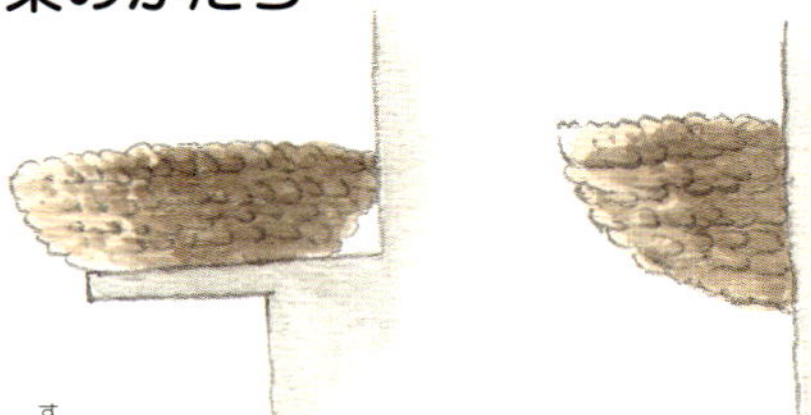

巣《す》をのせるものがあるときには完全《かんぜん》なおわん型《がた》になる。

かべにつけるときは、おわん半分《はんぶん》のかたち。

ツバメにとって、人《ひと》はスズメよけの役割《やくわり》をはたしている。

ツバメにとって、スズメは巣《す》をのっとるきけんな敵《てき》だ。

巣《す》のつくりかた

ツバメのあしは短《みじか》く、力《ちから》も弱《よわ》くて、スズメのように地面《じめん》を歩《ある》くことはほぼないが、巣《す》の材料《ざいりょう》のどろをあつめるときだけは、田《た》んぼにおりる。どろとわらを交互《こうご》に口《くち》にくわえ、いっぱいになったらとんで、建物《たてもの》のひさしの下《した》のかべにぬりつける。このとき、だ液《えき》をまぜるので、かべによくくっつく。オスもメスも協力《きょうりょく》して、3〜4日《よっか》で巣《す》ができる。最後《さいご》はメスが、巣《す》のなかに鳥《とり》の羽毛《うもう》やかれ草《くさ》をしく。

ツバメの巣《す》は、お店《みせ》が多《おお》い通《とお》りや人《ひと》がよくでいりする農家《のうか》に多《おお》い。もし人《ひと》の気配《けはい》がなければ、ツバメの巣《す》はよくスズメにうばわれる。スズメは人《ひと》をこわがるから、ツバメはわざと人《ひと》のでいりが多《おお》い建物《たてもの》のいり口《ぐち》に巣《す》をつくっているのだ。

ヒヨドリ
地面《じめん》から2メートルくらいのところにある枝《えだ》のまたに、かれ草《くさ》をあんでかける。ビニールひももよくつかわれる。

スズメ　外《そと》から見《み》えにくい場所《ばしょ》に巣《す》をつくる。

カラス
木《き》の高《たか》いところに巣《す》をつくる。都会《とかい》では、たくさんのハンガーがつかわれることがある。

キジバト　キジバトの巣《す》は、下《した》からすけて見《み》えるほどあらっぽい。

鳥《とり》の巣《す》のいろいろ

　スズメの巣《す》はツバメの巣《す》よりも見《み》つけにくい。敵《てき》の目《め》をさけて巣《す》をつくるからだ。メジロやヒヨドリ、キジバトは、木《き》のしげみに巣《す》をつくる。葉《は》でおおわれ、見《み》つかりにくいからだ。それでも、においや音《おと》、親鳥《おやどり》のでいりで、ヘビやカラスに見《み》つかることもある。敵《てき》におそわれたら、親鳥《おやどり》はまたべつの場所《ばしょ》に巣《す》をつくりなおす。

　キジバトやカラスはひろい巣《す》をつくるが、ツバメなど小鳥《ことり》の巣《す》は小《ちい》さく、親鳥《おやどり》のおなかしかはいらない。ヒナが大《おお》きくなるときゅうくつだ。だが、おなじ場所《ばしょ》に長《なが》くいると敵《てき》に見《み》つかりやすい。巣《す》を小《ちい》さくするとめだたないし、ヒナの巣《す》だちをあとおしする意味《いみ》もあるのだろう。

卵《たまご》をあたためるのは、ほとんどがメスの仕事《しごと》だ。
子《こ》そだてちゅうは、オス、メスともに、たくさんの虫《むし》をはこぶ。
2週間《しゅうかん》
卵《たまご》には赤《あか》むらさき色《いろ》のまだらがある。
メスはヒナをあたためる。
3週間《しゅうかん》
4週間《しゅうかん》
声《こえ》も顔《かお》もだせるようになる。
うまれたてのヒナはさむさに弱《よわ》い。そして、なかにはかえらない卵《たまご》もある。
巣《す》だちがちかいヒナたち

卵《たまご》からヒナへ

巣《す》ができた。メスのツバメは毎《まい》朝《あさ》はやくに巣《す》へきて、1日《にち》1個《こ》ずつ、あわせて4～6個《こ》の卵《たまご》をうむ。卵《たまご》をうむとき以外《いがい》、まだ巣《す》には近《ちか》よらない。敵《てき》の目《め》を気《き》にして、なるべくでいりしないのだろう。

メスは、卵《たまご》を全部《ぜんぶ》うみおわってからあたためる。最初《さいしょ》からあたためると、ヒナがうまれる日《ひ》が1日《にち》ずつずれて、そだてにくくなってしまうからだ。

約《やく》2週間《しゅうかん》でヒナがかえる。卵《たまご》をメスにまかせていたオスも、虫《むし》をつかまえてはこんでくるようになる。まだ羽毛《うもう》がはえていないヒナをあたためるのは、母《はは》ツバメのだいじな仕事《しごと》だ。親《おや》ツバメは毎日《まいにち》何百回《なんびゃっかい》も虫《むし》をはこび、ヒナたちはそれを食《た》べて大《おお》きくなっていく。

ツバメはとびながら虫《むし》をとるが、そういう鳥《とり》はあまりいない。ほかの鳥《とり》たちは、地面《じめん》をはね歩《ある》いたり、上《うえ》からまいおりて地上《ちじょう》のえものをもちさったり、およぎながら水草《みずくさ》や魚《さかな》を食《た》べたりする。そして、それぞれにつごうのいいくちばしやあしをもっている。

ツバメ
くちばしは短《みじか》いが、はばがひろくて大《おお》きく開《ひら》く。

ツバメの目《め》は正面《しょうめん》をむいていて、空中《くうちゅう》にいる虫《むし》の位置《いち》が正確《せいかく》に見《み》える。

サギ
長《なが》い首《くび》とあしをいかして水《すい》中《ちゅう》の魚《さかな》などをつかまえる。

スズメ
地面《じめん》を歩《ある》いて虫《むし》や草《くさ》の実《み》をついばむ。

草《くさ》の葉《は》や実《み》をむしる。

カモ
水《みず》にうきながら、さかだちして水《みず》草《くさ》を食《た》べる。

上《うえ》くちばしのへりにぎざぎざがあり、水《すい》面《めん》にういているものをこしとって食《た》べる。

トビ
するどいあしのツメでえものをおさえ、かぎ形《がた》にまがったくちばしで肉《にく》をひきちぎって食《た》べる。

空中《くうちゅう》で虫《むし》をつかまえる

鳥《とり》は人《ひと》よりずっと目《め》がいい。ツバメは、とんでいる小《ちい》さな虫《むし》を、とびながら遠《とお》くから見《み》つけて空中《くうちゅう》でとらえる。はばのひろい大《おお》きなくちばしで、正確《せいかく》に何匹《なんびき》もつづけて虫《むし》をつかまえる。ツバメのつばさはほかの鳥《とり》より少《すこ》し長《なが》くて、三《さん》角形《かっけい》に見《み》える。羽《は》ばたいては紙飛《かみひ》行機《こうき》のように「すぃー」と空《そら》をとぶ。12枚《まい》の尾《お》ばねのうち、左右《さゆう》の外《そと》がわ1枚《まい》ずつが細長《ほそなが》く、凧《たこ》のしっぽのようだ。これが、とぶときに体《からだ》を安定《あんてい》させる。

親鳥《おやどり》がはこぶ虫《むし》は、おもにカ、アブ、ガ、ウンカなど空中《くうちゅう》をとんでいる虫《むし》だ。田《た》んぼで、ツバメはイネのなえすれすれにとび、ウンカなどイネの害虫《がいちゅう》をよくつかまえるので、農家《のうか》の人《ひと》によろこばれる。

ヘビに見《み》つかったら、ヒナを守《まも》るのはむずかしい。親鳥《おやどり》もあぶない。

巣《す》だってからも、1〜2週間《しゅうかん》は親鳥《おやどり》がせわをする。

巣《す》だちといってもまだ上手《じょうず》にとべないので、あちこちに不時着《ふじちゃく》する。また、なにがこわいかも、まだよくわからない。巣《す》だってからも、ネコやカラスや車《くるま》など、きけんは多《おお》い。

いろいろなきけん

ヒナたちは日《ひ》に日《ひ》に大《おお》きくなり、羽毛《うもう》もはえて、卵《たまご》からかえって10《とお》日《か》めぐらいには巣《す》のなかで羽《は》ばたくようになった。それからまた10《とお》日《か》ほどたった朝《あさ》、元気《げんき》な1羽《わ》が巣《す》をとびだした。まだうまくとべず、商店街《しょうてんがい》につんである段《だん》ボールの上《うえ》に不時着《ふじちゃく》。つづいてべつの1羽《わ》が、おいかけるようにとびだした。1羽《わ》、また1羽《わ》。1時間《じかん》ぐらいのうちに、4羽《わ》のヒナが電線《でんせん》にならんでとまった。親鳥《おやどり》は、1週間《しゅうかん》あまり巣《す》だったヒナのせわをしてから、またつぎの子《こ》そだてをはじめる。

子《こ》そだてはぜんぶうまくいくわけではない。巣《す》が落《お》ちたり、卵《たまご》やヒナがヘビに食《た》べられてしまったり、えさがたりなかったり。巣《す》だってもからもきけんは多《おお》い。

ツバメは、巣《す》だち後《ご》1～3週間《しゅうかん》くらいで親《おや》からはなれると、若者《わかもの》どうしで集団《しゅうだん》になりたがる。

このころ、めずらしく木《き》にとまることもある。

ヨシ原《はら》で夜《よる》をすごすツバメたち。地域《ちいき》によっては、数千《すうせん》から数万羽《すうまんば》があつまることがある。

巣《す》だったわかいツバメたち

夏《なつ》になると、商店街《しょうてんがい》であまりツバメを見《み》かけなくなる。ツバメたちが南《みなみ》の国《くに》へわたるのは9月《がつ》から10月《がつ》。まだどこかにいるはずだ。

田《た》んぼのあるところにいくと、たくさんのツバメがとんでいる。しっぽが短《みじか》い若者《わかもの》が多《おお》い。この時期《じき》、若者《わかもの》たちは集団《しゅうだん》をつくりたがる。日《ひ》がくれてくると、無数《むすう》のツバメがあつまり、やがてひくくおりてきて、ヨシ原《はら》の上《うえ》をおなじ方向《ほうこう》にびゅんびゅんとびはじめた。日《ひ》がしずんで30分《ぷん》もたつと、ツバメたちはヨシ原《はら》にきえてしまった。

わかいツバメたちが、いっしょに南《みなみ》へわたるためにきずなをふかめていたのだ。やがて南《みなみ》の国《くに》へ旅《たび》だち、らいねん、新《あたら》しい命《いのち》をそだてるためにかえってくるだろう。

おっぱいをのむときは、お母《かあ》さんのおなかにつかまる。

赤《あか》ちゃんがうまれた!

長《なが》くきびしかった冬《ふゆ》がおわり、山《やま》の木々《きぎ》が芽《め》をだす4月《がつ》から5月《がつ》にかけて、森《もり》でくらすサルの群《む》れには、たくさんの赤《あか》ちゃんがうまれる。お母《かあ》さんザルは、夜《よる》にこどもをうむことが多《おお》い。

赤《あか》ちゃんは、お母《かあ》さんザルやほかのサルにくらべて毛《け》の色《いろ》が少《すこ》し黒《くろ》いので、30頭《とう》あまりの群《む》れのなかでとてもめだつ。

赤《あか》ちゃんは、うまれてしばらくはお母《かあ》さんザルの胸《むね》にぎゅっとしがみついてくらす。赤《あか》ちゃんが手《て》をにぎる力《ちから》はとても強《つよ》い。

お母《かあ》さんザルは、赤《あか》ちゃんが大《だい》すきだ。わが子《こ》をぎゅっとだきしめたり、顔《かお》をのぞきこんだりしてあやす。

すくすくそだつ

うまれて何週間《なんしゅうかん》かたつと、赤《あか》ちゃんはお母《かあ》さんザルのそばで歩《ある》く練習《れんしゅう》をはじめる。まだあしの力《ちから》が弱《よわ》いので、歩《ある》くというよりも、まえあしをつかってカエルのようにぴょんぴょんとびはねる感《かん》じだ。

赤《あか》ちゃんは知《し》りたいことだらけだ。石《いし》や木《き》の葉《は》を指《ゆび》でいじったり、口《くち》にいれてみたり。冒険《ぼうけん》にでかけようとして、お母《かあ》さんザルにあしをつかまれ、ひきもどされてしまうこともある。初夏《しょか》になるころには、あしもしっかりしてくる。

夏《なつ》のおわりころには、お母《かあ》さんザルの背中《せなか》にちょこんとすわって、ゆられながらあたりの風景《ふうけい》をきょろきょろと見《み》まわすようになる。少《すこ》し高《たか》い場所《ばしょ》からながめる世界《せかい》は、どんなふうに見《み》えるのだろう。

友《とも》だちとあそぶ

うまれて半年《はんとし》くらいたつと、子《こ》ザルはおなじ年《とし》ごろの子《こ》ザルに興味《きょうみ》をもつようになる。母親《ははおや》からはなれて（手《て》をふりほどいて）友《とも》だちをさがしにいくようになるのだ。

子《こ》ザルは元気《げんき》いっぱいだ。友《とも》だちを見《み》つけると、とっくみあいやおいかけっこをはじめる。こうしたふれあいをつうじて、なかまたちとのつきあいを学《まな》んでいく。子《こ》ザルがあそんでいるとき、母親《ははおや》はかたわらでじっと見《み》まもっている。

秋《あき》がふかまるころには、だいぶ自分《じぶん》の力《ちから》で食《た》べものを見《み》つけられるようになる。それでも、おなかがすいたり、きけんを感《かん》じて不安《ふあん》になったときには、母親《ははおや》のところにかけもどる。まだまだ、お母《かあ》さんがいなければくらせない。

北国《きたぐに》の冬《ふゆ》

きびしい冬《ふゆ》がやってきた。つもった雪《ゆき》は、地上《ちじょう》の食《た》べものをおおいかくしてしまうから、サルたちは木《き》にのぼって木《き》の芽《め》や皮《かわ》を食《た》べてすごす。体《からだ》が長《なが》い毛《け》でおおわれているとはいえ、とてもさむそうだ。皮《ひ》ふがむきだしになった手《て》あしが雪《ゆき》にあたらないように、体《からだ》のまえにくっつけてぶるぶるとふるえながらさむさをしのぐ。

風《かぜ》の強《つよ》い日《ひ》には、群《む》れのなかまがあつまって「おしくらまんじゅう」をつくることもある。頭《あたま》を内《うち》がわに、背中《せなか》を外《そと》がわにむけて、みんなでかたまれば、さむさもわかちあえる。

あたたかい春《はる》まで、もう少《すこ》しだ。

手《て》の力《ちから》だけでぶらさがる。

お母《かあ》さんにしがみつく。

まえあしをつかって
はいはいする。

だだをこねる子《こ》ザル。

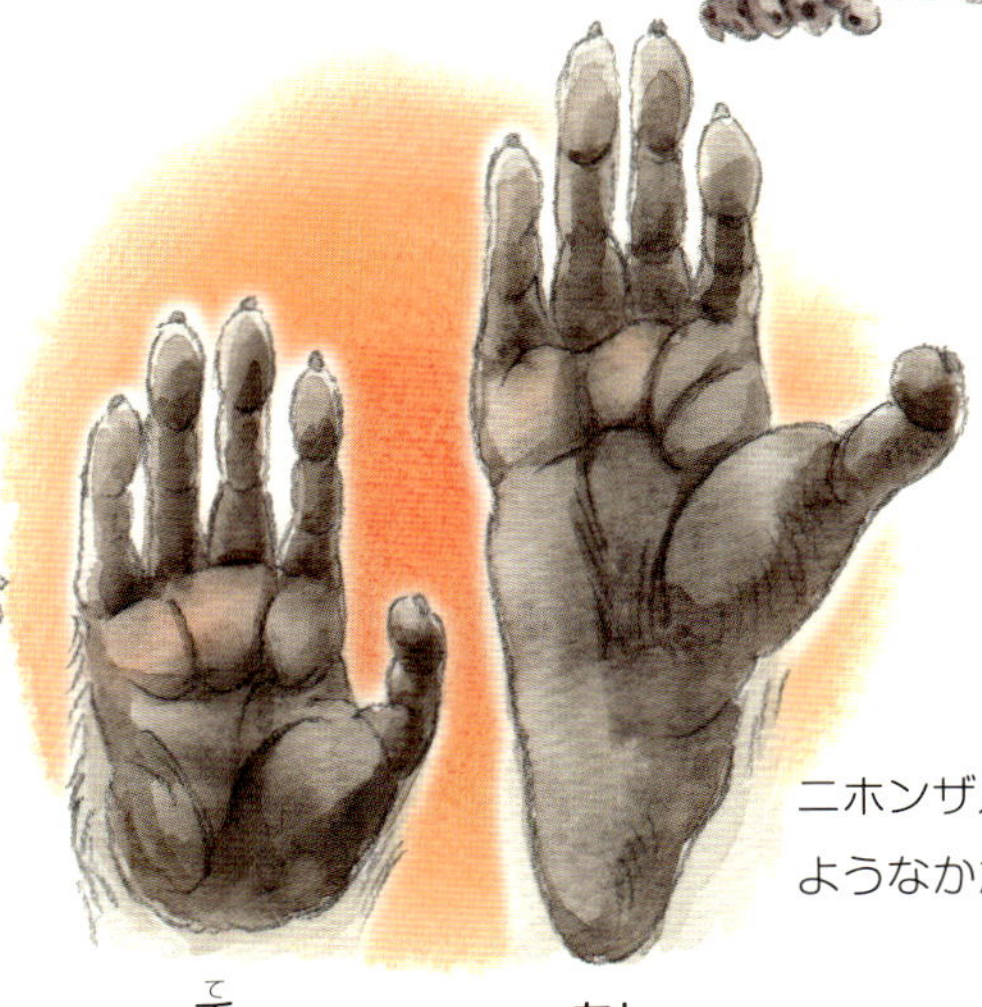

ニホンザルのあしは、手《て》の
ようなかたちをしている。

サルの赤《あか》ちゃんと人間《にんげん》の赤《あか》ちゃん

サルと人間《にんげん》は、先祖《せんぞ》がおなじ、親《しん》せきどうしの動物《どうぶつ》だ。だから、サルと人間《にんげん》の赤《あか》ちゃんは、見《み》た目《め》もふるまいもよくにている。

たとえば、お母《かあ》さんにぎゅっとしがみつく手《て》の力《ちから》は、サルも人間《にんげん》も強《つよ》い。おなかがすいたり、さみしくなると、大声《おおごえ》をあげてなく。目《め》にしたものを口《くち》にいれようとする。少《すこ》し大《おお》きくなったらお母《かあ》さんからはなれて友《とも》だちとあそぼうとするところも、そっくりだ。

ただ、サルの赤《あか》ちゃんはうまれて3~4か月《げつ》もするとおっぱい以《い》外《がい》のものを食《た》べはじめるが、人間《にんげん》の赤《あか》ちゃんでは、うまれて5~6か月《げつ》たってからだ。人間《にんげん》は赤《あか》ちゃんの時間《じかん》がサルよりもずっと長《なが》い。

サルはいろいろなものを食《た》べる。100種類《しゅるい》をこえることもある。
日《ひ》あたりのいいところが大《だい》すき。
おたがいに毛《け》づくろいをしあうことで、体《からだ》をきれいにたもつとともに、きずなをふかめる。
1日《にち》に数百《すうひゃく》メートルから数《すう》キロメートル歩《ある》く。

サルたちの1日《にち》

サルは、日《ひ》の出《で》とともに目《め》をさまし、体《からだ》があたたまると、のそのそと動《うご》きはじめる。

お目《め》あての木《き》にやってくると、するするとのぼって、葉《は》や果実《かじつ》を食《た》べはじめる。なかまとは少《すこ》しずつはなれて食《た》べるので、ケンカになることはほとんどない。

食《た》べものは、季節《きせつ》によって大《おお》きくかわる。森《もり》にはえている植物《しょくぶつ》のうち、そのときどきのおいしいものをえらんでいるようだ。植物《しょくぶつ》のほかに、虫《むし》やキノコなども食《た》べる。

食《た》べたあとは、日《ひ》あたりのいい場所《ばしょ》にいって休《やす》んだり、友《とも》だちと毛《け》づくろいしたりしてすごす。

「動《うご》く」「食《た》べる」「ねる」「毛《け》づくろい」をくりかえし、日《ひ》がくれると高《たか》い木《き》にのぼってねむる。

群《む》れのなかまたち

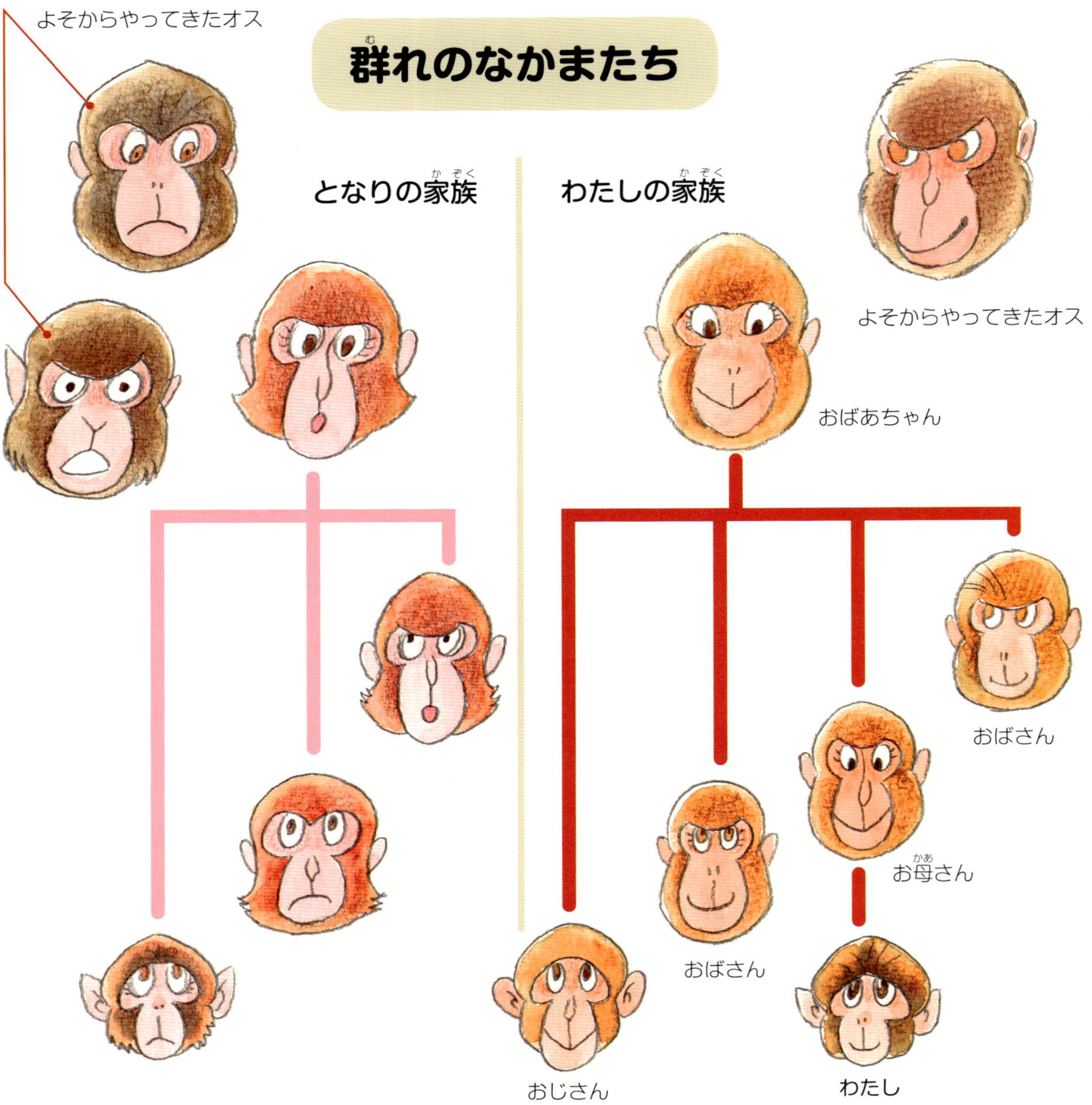

よそからやってきたオス
となりの家族《かぞく》
わたしの家族《かぞく》
よそからやってきたオス
おばあちゃん
おばさん
お母《かあ》さん
おばさん
おじさん
わたし

サルの家族《かぞく》

サルは群《む》れで生活《せいかつ》している。群《む》れには何頭《なんとう》かのオスザルがいる。赤《あか》ちゃんのお父《とう》さんは、そのうちのだれかかもしれないし、よそからやってきたオスかもしれない。サルの社会《しゃかい》では、オスが子《こ》そだてをてつだうことはけっしてない。だから、お父《とう》さんザルがだれかは、あまり重要《じゅうよう》ではないのだ。

サルの社会《しゃかい》では、お母《かあ》さんとこどもの結《むす》びつきがとても強《つよ》い。メスのサルたちはおなじ群《む》れにずっととどまるので、群《む》れのなかに「おばあちゃん」「お母《かあ》さん」「むすめ」がいっしょにいることもよくある。オスは、大《おお》きくなるとうまれた群《む》れをでて、オスだけでなかまをつくったり、ほかの群《む》れにうつったりをくりかえす。

いき先《さき》

食《た》べものがある場所《ばしょ》は、季節《きせつ》によってどんどんかわる。

外敵《がいてき》

ワシやタカ、野犬《やけん》など、野山《のやま》にはきけんがいっぱいだ。

食《た》べもの

お母《かあ》さんからこどもへ、食《た》べものの知恵《ちえ》がうけつがれていく。

おつきあい

群《む》れのなかでみんなとなかよくすることは、そこのメンバーとして生《い》きるためにたいせつなことだ。

お母《かあ》さんの教《おし》え

お母《かあ》さんが木《き》にのぼって葉《は》を食《た》べはじめると、子《こ》ザルはお母《かあ》さんの口《くち》もとをのぞきこんで、なにを食《た》べているかたしかめようとする。

人《ひと》とちがって、サルの世界《せかい》では、お母《かあ》さんがこどもに食《た》べものをあたえることはないし、「これを食《た》べなさい」とことばで教《おし》えることもない。ただ、自分《じぶん》が食《た》べているすがたをわが子《こ》に見《み》せるだけだ。子《こ》ザルは、山《やま》にある植物《しょくぶつ》のどれが自分《じぶん》たちの食《た》べものなのか、お母《かあ》さんのふるまいを見《み》ておぼえる。

それだけではない。お母《かあ》さんのふるまいは、きけんな敵《てき》にであったときにどうすればいいか、群《む》れのなかでおこらせるとこわいのはだれかなど、子《こ》ザルが大《おお》きくなってから役《やく》だつことを教《おし》えてくれる。

【いってみよう】

観察会《かんさつかい》　森《もり》や湖《みずうみ》の生《い》きものを観察《かんさつ》しよう

ウトナイ湖《こ》サンクチュアリ（北海道苫小牧市《ほっかいどうとまこまいし》）

ウトナイ湖《こ》にはたくさんのわたり鳥《どり》がやってきます。夏《なつ》に子《こ》そだてをしたり、冬《ふゆ》をすごしたり、旅《たび》のとちゅうでひと休《やす》みしたり。わたり鳥《どり》にはとてもたいせつな場所《ばしょ》です。そのためひろい原野《げんや》を自然《しぜん》のままに保護《ほご》する活動《かつどう》がおこなわれています。

ウトナイ湖《こ》とその周辺《しゅうへん》

（写真提供《しゃしんていきょう》：日本野鳥《にほんやちょう》の会《かい》）

住所《じゅうしょ》　〒059-1365　北海道苫小牧市植苗《ほっかいどうとまこまいしうえなえ》150-3

Tel　0144（58）2505

HP　http://www.wbsj.org/sanctuary/utonai/

※公益財団法人《こうえきざいだんほうじん》 日本野鳥《にほんやちょう》の会《かい》が運営《うんえい》する日本初《にほんはつ》のサンクチュアリ。日本有数《にほんゆうすう》のわたり鳥《どり》の中継地《ちゅうけいち》であるウトナイ湖《こ》と勇払原野《ゆうふつげんや》の自然保護活動《しぜんほごかつどう》をおこなっている。約《やく》270種《しゅ》の野鳥《やちょう》を確認《かくにん》。

自然観察《しぜんかんさつ》の森《もり》（各市《かくし》が設置《せっち》　全国《ぜんこく》に10か所《しょ》）

「自然観察《しぜんかんさつ》の森《もり》」には、雑木林《ぞうきばやし》やスギ林《ばやし》、湿地《しっち》や池《いけ》などがあります。そこにすんでいる鳥《とり》や虫《むし》、カエル、草花《くさばな》、木《き》など身近《みぢか》な生《い》きものの観察《かんさつ》ができます。ネイチャークイズ、工作《こうさく》、観察会《かんさつかい》などのイベントにもさんかできます。

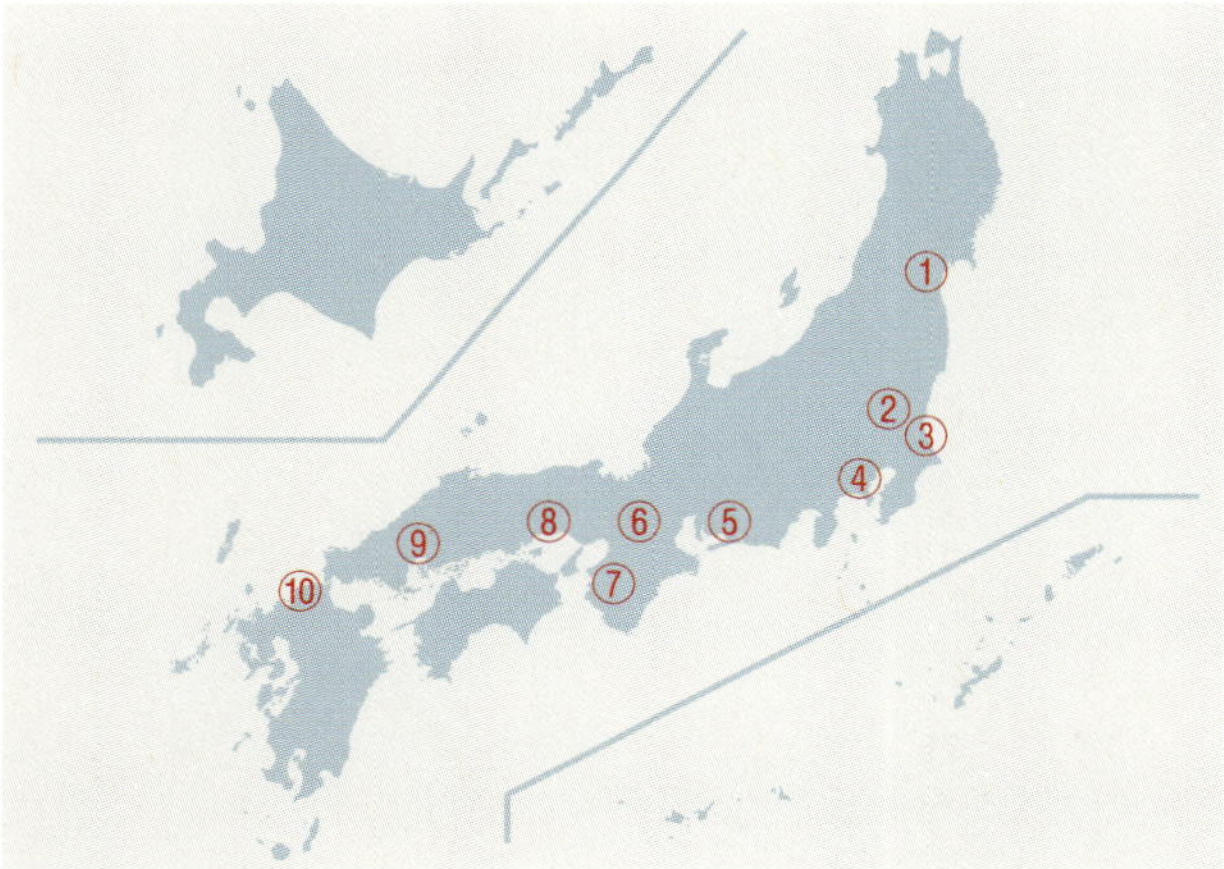

「自然観察《しぜんかんさつ》の森《もり》」のあるところ

①宮城県仙台市《みやぎけんせんだいし》、②群馬県桐生市《ぐんまけんきりゅうし》、③茨城県牛久市《いばらきけんうしくし》、④神奈川県横浜市《かながわけんよこはまし》、⑤愛知県豊田市《あいちけんとよたし》、⑥滋賀県栗東市《しがけんりっとうし》、⑦和歌山県和歌山市《わかやまけんわかやまし》、⑧兵庫県姫路市《ひょうごけんひめじし》、⑨広島県廿日市市《ひろしまけんはつかいちし》、⑩福岡県福岡市《ふくおかけんふくおかし》　※お金《かね》はかかりません。

HP　https://www.env.go.jp/nature/nats/kansatsu/

※「自然観察《しぜんかんさつ》の森《もり》」では、区域《くいき》の自然保全活動《しぜんほぜんかつどう》をおこなうとともに、スタッフによる観察会《かんさつかい》や体験《たいけん》プログラム、ネイチャーセンターの展示《てんじ》など自然保護教育《しぜんほごきょういく》をすすめている。

保護《ほご》センター　特別《とくべつ》な動物《どうぶつ》の保護《ほご》をしている施設《しせつ》

対馬野生生物保護《つしまやせいせいぶつほご》センター（長崎県対馬市《ながさきけんつしまし》）

ツシマヤマネコは長崎県対馬《ながさきけんつしま》だけにすんでいる野生《やせい》のネコです。大《おお》きさは70～80センチ（そのうちしっぽが20～25センチ）、体重《たいじゅう》3～4キログラム。100頭《とう》くらいしかいなくて、レッドリストで絶滅《ぜつめつ》（種《しゅ》がいなくなってしまうこと）がいちばん心配《しんぱい》されているグループにはいっています。

ツシマヤマネコ

（写真提供《しゃしんていきょう》：対馬野生生物保護《つしまやせいせいぶつほご》センター）

住所《じゅうしょ》　〒817-1603　長崎県対馬市上県町棹崎公園《ながさきけんつしましかみあがたまちさおざきこうえん》
Tel　0920（84）5577
HP　http://kyushu.env.go.jp/twcc/

※ツシマヤマネコを守《まも》るための啓発活動《けいはつかつどう》をしている、長崎県《ながさきけん》対馬市《つしまし》にある環境省《かんきょうしょう》の施設《しせつ》。ツシマヤマネコの生態《せいたい》や対馬《つしま》の環境《かんきょう》を調査《ちょうさ》するとともに、交通事故《こうつうじこ》や病気《びょうき》のツシマヤマネコの保護《ほご》や治療《ちりょう》などをしている。パネルなどで現状《げんじょう》を展示《てんじ》。オスのツシマヤマネコ「福馬《ふくま》」を公開《こうかい》しており、見学《けんがく》できる。

佐渡《さど》トキ保護《ほご》センターとトキの森公園《もりこうえん》（新潟県佐渡市《にいがたけんさどし》）

トキは、19世紀《せいき》まではふつうに日本《にほん》のあちこちにいた鳥《とり》です。でも、どんどん数《かず》がへって、2003年《ねん》に日本《にほん》うまれのトキは絶滅《ぜつめつ》してしまいました。中国《ちゅうごく》からおなじ種類《しゅるい》のトキをもらって繁殖《はんしょく》させています。そだったトキは自然《しぜん》にはなしています。

トキの親子《おやこ》

（写真提供《しゃしんていきょう》：佐渡《さど》トキ保護《ほご》センター）

〈トキの森公園《もりこうえん》〉
住所《じゅうしょ》　〒952-0101　新潟県佐渡市新穂長畝《にいがたけんさどしにいぼながうね》383-2
Tel　0259（22）4123
HP　http://tokinotayori.com/tokipark/

※佐渡《さど》トキ保護《ほご》センターは一般公開《いっぱんこうかい》されていないが、隣接《りんせつ》のトキの森公園《もりこうえん》の観察回廊《かんさつかいろう》から窓《まど》ごしに佐渡《さど》トキ保護《ほご》センターのトキが見《み》られる。トキの森公園内《もりこうえんない》に大型《おおがた》ケージがあり、自然《しぜん》にちかいかたちで飛翔《ひしょう》、採餌《さいじ》、巣《す》づくりなどのトキの生態《せいたい》を観察《かんさつ》することができる。

ゆたかな自然《しぜん》のなかでくらす動物《どうぶつ》を知《し》ろう

知床国立公園《しれとこくりつこうえん》（北海道斜里郡斜里町《ほっかいどうしゃりぐんしゃりちょう》・目梨郡羅臼町《めなしぐんらうすちょう》）

ゆたかな森《もり》と海《うみ》と川《かわ》にめぐまれた土地《とち》には、ヒグマやエゾシカ、シマフクロウ、オジロワシ、カラフトマスなど数多《かずおお》くの野生動物《やせいどうぶつ》がいます。また、海《うみ》にはトドやアザラシ、マッコウクジラがあらわれ、冬《ふゆ》には流氷《りゅうひょう》を見《み》ることもできます。２００５年《ねん》に世界自然《せかいしぜん》遺産《いさん》に登録《とうろく》されました。

ヒグマの親子《おやこ》

（写真提供《しゃしんていきょう》：環境省釧路自然環境事務所《かんきょうしょうくしろしぜんかんきょうじむしょ》）

住所《じゅうしょ》　〒099-4354　北海道斜里郡斜里町《ほっかいどうしゃりぐんしゃりちょう》ウトロ西《にし》186-10
知床世界遺産《しれとこせかいいさん》センター

Tel　0152（24）3255

HP　http://shiretoko-whc.jp/whc/

※北海道《ほっかいどう》の東北端《とうほくたん》にある知床半島《しれとこはんとう》の中央部《ちゅうおうぶ》から知床岬《しれとこみさき》まで、また周辺海域《しゅうへんかいいき》の一部《いちぶ》をふくむおよそ6万《まん》ヘクタールが公園《こうえん》区域《くいき》となっており、きびしい保護規制《ほごきせい》がかけられている「特別保護地区《とくべつほごちく》」は、陸域公園面積《りくいきこうえんめんせき》の半分以上《はんぶんいじょう》を占《し》める。

小笠原国立公園《おがさわらこくりつこうえん》（東京都小笠原村《とうきょうとおがさわらむら》）

東京《とうきょう》から１０００キロメートルも南《みなみ》にはなれた小笠原諸島《おがさわらしょとう》には、父島《ちちじま》や母島《ははじま》などたくさんの島《しま》があり、オガサワラオオコウモリやアカガシラカラスバトなど世界《せかい》じゅうでここでしか見《み》ることのできない生《い》きものがすんでいます。また、海《うみ》ではザトウクジラやミナミバンドウイルカ、アオウミガメなどが見《み》られます。

アオウミガメ

（写真提供《しゃしんていきょう》：環境省《かんきょうしょう》）

住所《じゅうしょ》　〒100-2101　東京都小笠原村父島字西町《とうきょうとおがさわらむらちちじまあざにしまち》ガゼボ2階《かい》
環境省小笠原自然保護官事務所《かんきょうしょうおがさわらしぜんほごかんじむしょ》

Tel　04998（2）7174

HP　http://ogasawara-info.jp/（小笠原自然情報《おがさわらしぜんじょうほう》センター）

※小笠原諸島《おがさわらしょとう》は大陸《たいりく》と陸《りく》つづきになったことがない「海洋《かいよう》島《とう》」のため、独自《どくじ》の進化《しんか》をとげた固有種《こゆうしゅ》が数多《かずおお》くすんでいて、「東洋《とうよう》のガラパゴス」とよばれている。貴重《きちょう》な環《かん》境《きょう》を守《まも》るため、利用者数《りようしゃすう》を制限《せいげん》するなどのルールがある。2011年《ねん》、日本《にほん》では「屋久島《やくしま》」「白神山地《しらかみさんち》」「知床《しれとこ》」につづいて4番《ばん》めに世界自然遺産《せかいしぜんいさん》に登録《とうろく》された。

わたしたちのそばにいる動物《どうぶつ》を観察《かんさつ》しよう

アクアマリンいなわしろカワセミ水族館《すいぞくかん》

(福島県耶麻郡猪苗代町《ふくしまけんやまぐんいなわしろまち》)

福島県《ふくしまけん》には、日本《にほん》で4番《ばん》めに大《おお》きな湖《みずうみ》の猪苗代湖《いなわしろこ》があります。ここでは、猪苗代湖《いなわしろこ》にすむ生《い》きものや水辺《みずべ》の環境《かんきょう》を知《し》ることができます。ほかにも、イトヨやアカザなど、福島県《ふくしまけん》や東北地方《とうほくちほう》の川《かわ》や池《いけ》にくらすめずらしい生《い》きものが見《み》られます。

イトヨ

(写真提供《しゃしんていきょう》：アクアマリンいなわしろカワセミ水族館《すいぞくかん》)

住所《じゅうしょ》　〒969-3283　福島県《ふくしまけん》耶麻郡《やまぐん》猪苗代町《いなわしろまち》大字《おおあざ》長田《おさだ》字《あざ》東中《ひがしなか》丸《まる》3447-4

Tel　0242（72）1135

HP　http://www.marine.fks.ed.jp/kawasemi/kawasemi.html

※アクアマリンいなわしろカワセミ水族館《すいぞくかん》は、「猪苗代湖《いなわしろこ》の生態系《せいたいけい》モデルをつくる」ことを目標《もくひょう》にして活動《かつどう》している。いわき市《し》小名浜《おなはま》にある「環境水族館《かんきょうすいぞくかん》アクアマリンふくしま」の姉妹館《しまいかん》。

広島市安佐動物公園《ひろしましあさどうぶつこうえん》

(広島県広島市《ひろしまけんひろしまし》)

日本《にほん》だけにすみ、世界《せかい》でもっとも大《おお》きい両生類《りょうせいるい》のひとつであるオオサンショウウオを飼育《しいく》している動物園《どうぶつえん》です。ここでは、年齢《ねんれい》のちがうオオサンショウウオを同時《どうじ》に観察《かんさつ》できるようにしていて、小《ちい》さなころからおとなになるまでの成長《せいちょう》のようすがよくわかります。

オオサンショウウオ

(写真提供《しゃしんていきょう》：安佐動物公園《あさどうぶつこうえん》)

住所《じゅうしょ》　〒731-3355　広島県広島市《ひろしまけんひろしまし》安佐北区《あさきたく》安佐町《あさちょう》大字《おおあざ》動物園《どうぶつえん》

Tel　082（838）1111

HP　http://www.asazoo.jp

※オオサンショウウオは日本固有種《にほんこゆうしゅ》で、本州《ほんしゅう》では岐阜県《ぎふけん》より西《にし》、九州《きゅうしゅう》では大分県《おおいたけん》に分布《ぶんぷ》している。とくに中国山地《ちゅうごくさんち》の里《さと》山《やま》をながれる川《かわ》での確認《かくにん》が多《おお》く、広島県内《ひろしまけんない》をながれる太田《おおた》川《がわ》や江《ごう》の川《かわ》にも生息《せいそく》。安佐動物公園《あさどうぶつこうえん》では、日本《にほん》で最初《さいしょ》の完《かん》全屋内繁殖《ぜんおくないはんしょく》に挑戦《ちょうせん》している。

【読《よ》んでみよう】

動物《どうぶつ》についてもっと知《し》りたい人《ひと》のための読書《どくしょ》ガイドです。図鑑《ずかん》のような調《しら》べる本《ほん》ではなく、イラストや写真《しゃしん》を見《み》ながら、読《よ》んで楽《たの》しめる本《ほん》が15冊《さつ》。キタキツネ、カワセミ、カエル、魚《さかな》など、おもに、日本《にほん》の野《や》生動物《せいどうぶつ》について書《か》いてあります。ひとりで読《よ》める本《ほん》だけでなく、少《すこ》しむずかしい本《ほん》もあるので、おとなの人《ひと》といっしょに読《よ》んでください。書店《しょてん》で買《か》えない本《ほん》もあります。まずは図書館《としょかん》でさがしてみてください。

ホネホネ絵本《えほん》

●著者 スティーブ・ジェンキンズ ●絵 スティーブ・ジェンキンズ
●訳者 千葉茂樹 ●あすなろ書房 ●2010年

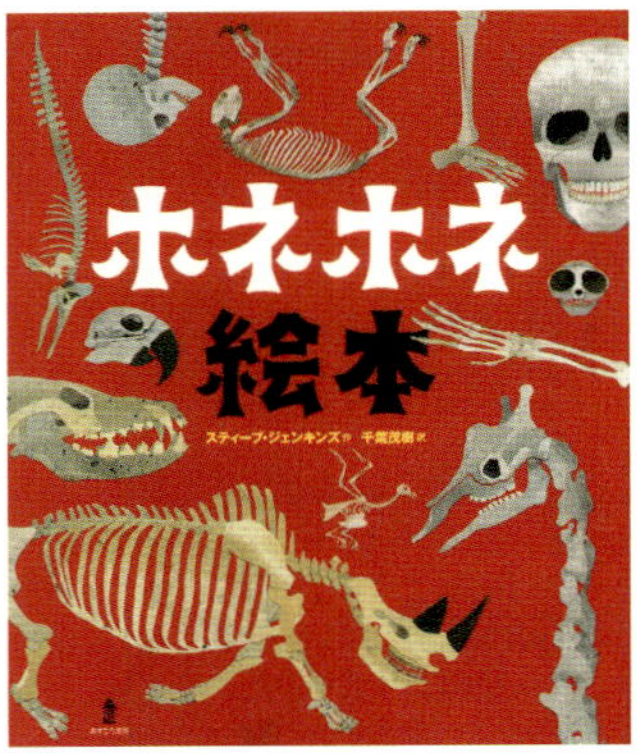

恐竜《きょうりゅう》のなかでもっとも大《おお》きいティラノサウルスと人《ひと》のおとな。見《み》た目《め》も大《おお》きさもまったくちがうのに、あしの骨《ほね》をくらべてみると、おなじようなつくりをしています。キリンの首《くび》は人《ひと》の背《せ》たけほどもあるけれど、骨《ほね》の数《かず》はどちらもおなじ7つです。

いろいろな動物《どうぶつ》の骨《ほね》を、体《からだ》のおなじ部分《ぶぶん》ごとにならべてくらべました。そうすると、骨《ほね》のしくみとはたらきが、少《すこ》しずつ見《み》えてきました。

しっぽのはたらき 〈かがくのとも絵本《えほん》〉

●著者 川田健 ●絵 薮内正幸 ●監修 今泉吉典
●福音館書店 ●1972年

もしも、みなさんにしっぽがあったら、どんなふうにつかいますか？　イヌのように、うれしいときは左右《さゆう》にふってみせますか？　サルのように、しっぽをつかって木《き》から木《き》へすばやくわたるのもやってみたいですね。ハエがうるさくたかってきたときに、ふりまわしておいはらうのも便利《べんり》かも。しっぽをハエたたきのようにつかうのはウシです。この本《ほん》には、さまざまな動《どう》物《ぶつ》たちがしっぽをどのように役《やく》だてているかが、かいてあります。

どうぶつフムフムずかん

●著者 マリリン・ベイリー ●絵 ロミ・キャロン ●訳者 福本友美子
●玉川大学出版部 ●2009年

するどい歯《は》で、えものを食《く》いちぎるおそろしいサメ。そんなサメの下《した》に小《ちい》さな魚《さかな》がいる！　コバンザメです。サメとコバンザメはたすけあってくらしています。コバンザメは、サメがこぼしたえものをもらいます。そのかわり、体《からだ》にくっついているダニをこそげおとして、食《た》べてしまうのです。おかげでサメの体《からだ》はきれいになり、病気《びょうき》にかかりにくくなります。この本《ほん》には、動物《どうぶつ》たちのたすけあいや子《こ》そだて、食《しょく》事《じ》についてかいてあります。

森《もり》からのてがみ

●著者 N・スラトコフ　●絵 あべ弘士　●訳者 松谷さやか
●福音館書店　●2000年

ここはロシアの森《もり》。あちこちの木《き》にくちばしであなをあけるキツツキは、森《もり》の大工《だいく》さんとよばれています。ある日《ひ》、1羽《わ》のキツツキが、自分《じぶん》のほったあなにヤマネがすんでいるのを見《み》つけました。「きみなんかのためにあなをほったんじゃない」というキツツキにヤマネは、「あなにすんでいるのは鳥《とり》だけではない」と教《おし》えます。キツツキは、どんな生《い》きものがすんでいるのか、調《しら》べることにしました。

森《もり》のスケーターヤマネ

●著者 湊秋作　●絵 金尾恵子　●文研出版　●2000年

ニホンヤマネを知《し》っていますか？　日本《にほん》だけにすんでいる森《もり》の小《ちい》さな動物《どうぶつ》です。子《こ》どものてのひらにのっかるほど小《ちい》さいけれど、忍者《にんじゃ》のようにすばしっこい。体《からだ》がかるいので、枝《えだ》の先《さき》からとなりの枝《えだ》にぴょーんととんだり、幹《みき》をするするとかけおりたりできます。食《た》べるのは、花《はな》のかふんや木《き》の実《み》。トンボやガ、クモなどの虫《むし》もつかまえます。秋《あき》になるとたくさん食《た》べて体《からだ》を重《おも》くして、11月《がつ》から半年間《はんとしかん》の冬眠《とうみん》にそなえます。

森《もり》のキタキツネ〈科学《かがく》のアルバム〉

●著者 右高英臣　●写真 右高英臣　●あかね書房　●2005年

北海道《ほっかいどう》に冬《ふゆ》がきました。この春《はる》にうまれたキタキツネにとっては、はじめての冬《ふゆ》です。冬毛《ふゆげ》がはえそろい、体《からだ》も大《おお》きくなりました。夕方《ゆうがた》、えさをさがしにでかけます。雪《ゆき》の下《した》に、ネズミがいるぞ。キツネはその場《ば》でジャンプして、ネズミにとびかかります。でもにげられてしまいました。こんどは、エゾリスをおいかけて、木《き》をかけのぼります。キツネにはトビやカラスの死《し》がいも貴重《きちょう》なえさです。

ノラネコの研究《けんきゅう》〈たくさんのふしぎ傑作集《けっさくしゅう》〉

●著者 伊澤雅子　●絵 平出衛　●福音館書店　●1994年

ネコっていつもねているけれど、いつおきてどこでなにをしているのかな。そう思《おも》ったら、観察開始《かんさつかいし》。必要《ひつよう》なものは〝ネコカード〟。町《まち》にいるネコに名《な》まえをつけてとくちょうを書《か》きます。さあ、気《き》づかれないようについていこう。見《み》うしなわないようについせきするのはたいへん！　何時間《なんじかん》も動《うご》かなかったかとおもえば、急《きゅう》に歩《ある》きだすし、へいのむこうにきえてしまうこともあります。1日《にち》じっくり観察《かんさつ》するとネコ社会《しゃかい》のルールが見《み》えてきます。

いのしし

●著者 前川貴行 ●写真 前川貴行 ●アリス館 ●2007年

兵庫県《ひょうごけん》の六甲山《ろっこうさん》。人《ひと》がすんでいるところからあまり遠《とお》くない山《やま》に、イノシシがすんでいます。春《はる》、お母《かあ》さんイノシシは、赤《あか》ちゃんを10匹《ぴき》ぐらいうみます。こどものイノシシは背中《せなか》にしまもようがあって、ウリ坊《ぼう》とよばれます。きょうだいでじゃれあったり、お母《かあ》さんイノシシにお乳《ちち》をねだったりしてとてもかわいいのですが、おとなになれるのは2匹《ひき》か3匹《びき》です。全部《ぜんぶ》の赤《あか》ちゃんが大《おお》きくそだったら、山《やま》の食《た》べものは食《た》べつくされてしまうのです。

ハス池《いけ》に生《い》きるカワセミ

●著者 中川雄三 ●写真 中川雄三 ●大日本図書 ●1996年

山《やま》の小《ちい》さな池《いけ》に、カワセミがすんでいます。青《あお》いはねを光《ひか》らせて、すばやくとぶほうせきのような鳥《とり》です。カワセミが、水《みず》のなかの小魚《こざかな》にねらいをつけると、矢《や》のようにまっすぐ水《みず》のなかにとびこみました。魚《さかな》をくわえてすぐにとびだしてきます。そのはやいこと。岩《いわ》の上《うえ》にもどってくると、魚《さかな》を何度《なんど》も岩《いわ》にたたきつけて、弱《よわ》らせて、頭《あたま》からまるのみにします。カワセミは、小《ちい》さくてもすぐれたハンターなのです。

家族《かぞく》になったスズメのチュン 森《もり》の獣医《じゅうい》さんの動物日記《どうぶつにっき》

●著者 竹田津実 ●偕成社 ●1997年

獣医《じゅうい》の竹田津《たけだつ》先生《せんせい》の家《いえ》の玄関《げんかん》には、「猛鳥注意《もうちょうちゅうい》」と書《か》いた紙《かみ》がはってあります。おそるおそるドアをあけると、おそってきたのは、なんと1羽《わ》の小《ちい》さなスズメ。巣《す》から落《お》ちているところを近所《きんじょ》の人《ひと》にたすけられ、ここにやってきたのです。チュンと名《な》づけられたスズメは、元気《げんき》になったあとも、家《いえ》のなかを自分《じぶん》のすみかときめてしまいました。北海道《ほっかいどう》で野生動《やせいどう》物《ぶつ》の治療《ちりょう》をしている獣医《じゅうい》さんのお話《はなし》です。

アマガエルとくらす 〈たくさんのふしぎ傑作集《けっさくしゅう》〉

●著者 山内祥子 ●絵 片山健 ●福音館書店 ●2003年

5月《がつ》の晴《は》れた日《ひ》、洗面所《せんめんじょ》のながしのなかにアマガエルがいました。外《そと》にだしてもまたやってきます。ためしにハエをつかまえてようじの先《さき》につけてだしたら、大《おお》きな口《くち》でペロリと食《た》べました。秋《あき》になってもでていかないので冬眠《とうみん》の準備《じゅんび》をしてあげました。水《すい》そうの底《そこ》に土《つち》をいれて、三《み》つ葉《ば》やユキノシタを植《う》えました。水《みず》をいれたパックやわりばしでつくったはしごもいれました。さむくなったらアマガエルは土《つち》にもぐっていきました。

カニのくらし〈科学《かがく》のアルバム〉

●著者 小池康之 ●写真 桜井淳史 ●あかね書房 ●2005年

アカテガニはまっ赤《か》なカニです。5月《がつ》に冬眠《とうみん》からさめたときには色《いろ》があせていますが、海辺《うみべ》のフナムシやゴカイ、小魚《こざかな》はもちろん、死《し》んだ魚《さかな》やくさった草《くさ》まで食《た》べて、きれいな赤色《あかいろ》にもどります。

アカテガニの武器《ぶき》は大《おお》きなハサミです。敵《てき》がくると、ハサミをふりあげて相手《あいて》をおどします。ハサミで敵《てき》の体《からだ》を強《つよ》くはさみ、そのハサミを切《き》り落《お》としてにげることもあります。ハサミはまたはえてくるのです。

タツノオトシゴ ひっそりくらすなぞの魚《さかな》

●著者 クリス・バターワース ●絵 ジョン・ローレンス ●訳者 佐藤見果夢 ●評論社 ●2006年

サンゴのかげからのぞいているのは、タツノオトシゴ。これでも魚《さかな》のなかまです。およぐときは、立《た》ったままひれを動《うご》かします。長《なが》いしっぽをうしろにまきあげると下《した》へしずんでいき、しっぽをまっすぐにすると上《うえ》にうかんできます。魚《さかな》なのに、こんなおもしろいおよぎかたをします。もっとすごいのは、体《からだ》の色《いろ》をかえられること。敵《てき》が近《ちか》づくと、体《からだ》の色《いろ》をまわりにあわせて、上手《じょうず》にかくれてしまいます。

やどかりのいえさがし〈新日本動物植物《しんにほんどうぶつしょくぶつ》えほん〉

●著者 武田正倫 ●絵 浅井粂男 ●新日本出版社 ●1980年

ヤドカリは、ほかの貝《かい》の貝《かい》がらにはいってくらします。でも、小《ちい》さいころはどうだったのでしょう？ ヤドカリは、満月《まんげつ》の夜《よる》に海岸《かいがん》でうまれます。親《おや》のヤドカリとはちがったかたちをした赤《あか》ちゃんたちは、引《ひ》き潮《しお》にのって沖《おき》のほうへおよいでいきます。そこで、1週間《しゅうかん》に一度《いちど》カラをぬいで、大《おお》きくなるのです。4回《かい》めのカラをぬぐころ、うまれた海岸《かいがん》にもどってきます。さあ、自分《じぶん》にぴったりの貝《かい》がらをさがさなくては。

カジカおじさんの川語《かわがた》り〈たくさんのふしぎ傑作集《けっさくしゅう》〉

●著者 稗田一俊 ●写真 稗田一俊 ●福音館書店 ●2014年

表紙《ひょうし》を見《み》てください。あついくちびるを開《ひら》いてこっちをむいているのが、カジカです。このカジカおじさんが、川《かわ》のなかをあんないしてくれます。たくさんの小《ちい》さな魚《さかな》が、あっちにいったりこっちにきたりしているのは、サケのこどもがいっしょうけんめいえさをさがしているんだって。川《かわ》の上《うえ》をジャンプしてさかのぼっていくのは、ウグイの群《む》れ。オレンジ色《いろ》の体《からだ》が光《ひか》っています。ウグイたちは、卵《たまご》をうみに上流《じょうりゅう》にむかっているのです。

監修者

小原芳明
（おばら・よしあき）

1946年生まれ。米国マンマス大学卒業、スタンフォード大学大学院教育学研究科教育業務・教育政策分析専攻修士課程修了。1987年、玉川大学文学部教授。1994年より学校法人玉川学園理事長、玉川学園園長、玉川大学学長。おもな著書に『教育の挑戦』（玉川大学出版部）など。

編　者

高槻成紀
（たかつき・せいき）

1949年生まれ。東北大学大学院理学研究科修了。東北大学助手、東京大学教授、麻布大学教授を歴任。専攻は野生動物保全生態学。著書に『北に生きるシカたち』（どうぶつ社）、『野生動物と共存できるか』『動物を守りたい君へ』（ともに岩波ジュニア新書）、『食べられて生きる草の話』（「月刊たくさんのふしぎ」福音館書店）、『タヌキ学入門』（誠文堂新光社）など。
第1章「タヌキ」「シカ」、第2章「モグラ」、ふしぎがわかる「動物のなかまわけ」「動物のかたち」「動物の色」

画　家

浅野文彦
（あさの・ふみひこ）

1973年生まれ。名古屋造形芸術大学卒業、東洋工学専門学校環境エコロジー科卒業。2001年よりフリーのイラストレータとして活動中。雑誌等のイラスト、とりわけデフォルメしたコミカルイラストやリアルな（フィールド系のモチーフ）イラストに定評がある。

執筆者（50音順）

秋山幸也
（あきやま・こうや）

相模原市立博物館。専門は生態学、環境教育。著書に『生きものつかまえたらどうする？』（偕成社）など。
第1章「アオダイショウ」、第2章「ヒキガエル」、第4章「イモリ」、ふしぎがわかる「カメの甲羅は、なにからできている？」

石塚　徹
（いしづか・とおる）

NPO法人生物多様性研究所あーすわーむ。専門は鳥をはじめとした動物社会学、行動生態学。著書に『ゆかいな聞き耳ずきん』（「たくさんのふしぎ傑作集」福音館書店）など。
第1章「シジュウカラ」、第3章「カッコウ」、第4章「ツバメ」、ふしぎがわかる「動物どうしのやりとり」

勝呂尚之
（すぐろ・なおゆき）

NPO法人神奈川ウォーターネットワーク。専門は希少淡水魚の増殖・生息地保全と復元。著書に『希少淡水魚の現在と未来』（信山社）など。
第1章「アユ」、第2章「メダカ」、第3章「サクラマス」、第4章「タナゴ」

田村典子
（たむら・のりこ）

国立研究開発法人森林総合研究所多摩森林科学園。専門はリス類の生態学、行動学。著書に『リスの生態学』（東京大学出版会）など。
第1章「リス」

辻　大和
（つじ・やまと）

京都大学霊長類研究所。専門は霊長類の生態学。著書に『新しい霊長類学』（共著、「ブルーバックス」講談社）など。
第4章「サル」、ふしぎがわかる「タネのはこび屋」

玉川百科こども博物誌プロジェクト（50音順）

大森　恵子（学校司書）
川端　拡信（学校教員）
菅原　幸子（書店員）
菅原由美子（児童館員）
杉山きく子（公共図書館司書）
高桑　幸次（画家・幼稚園指導）
檀上　聖子（編集者）
土屋　和彦（学校教員）
服部比呂美（学芸員）
原田佐和子（科学あそび指導）
人見　礼子（学校教員）
増島　高敬（学校教員）
森　　貴志（編集者）
森田　勝之（大学教員）
渡瀬　恵一（学校教員）

＊　＊　＊

「いってみよう」「読んでみよう」作成

青木　淳子（学校司書）
大森　恵子
杉山きく子

＊　＊　＊

装　丁：辻村益朗
玉川百科こども博物誌事務局（編集・制作）：株式会社 本作り空 Sola

玉川百科《たまがわひゃっか》こども博物誌《はくぶつし》

動物《どうぶつ》のくらし

2016年5月20日　初版第1刷発行

監修者　小原芳明
編　者　高槻成紀
画　家　浅野文彦

発行者　小原芳明
発行所　玉川大学出版部
〒194-8610　東京都町田市玉川学園6-1-1
TEL 042-739-8935　FAX 042-739-8940
http://www.tamagawa.jp/up/
振替：00180-7-26665

印刷・製本　図書印刷株式会社

乱丁・落丁本はお取り替えいたします。
© Tamagawa University Press 2016　Printed in Japan

ISBN978-4-472-05971-1 C8645 / NDC481

玉川学園創立90周年記念出版

玉川百科 こども博物誌 全12巻

90th Anniversary Tamagawa 1929〜2019

小原芳明 監修　A4判・上製／各160ページ／オールカラー　定価 本体各4,800円

「こども博物誌」6つの特徴

❶小学校2年生から読める、興味の入口となる本
❷1巻につき1人の画家の絵による本
❸「調べるため」ではなく、自分で「読みとおす」本
❹網羅性よりも、事柄の本質を伝える本
❺読んだあと、世界に目をむける気持ちになる本
❻巻末に、司書らによる読書案内と施設案内を掲載

動物のくらし
高槻成紀 編／浅野文彦 絵
元麻布大学教授

ぐるっと地理めぐり
寺本潔 編／青木寛子 絵
玉川大学教授

数と図形のせかい
瀬山士郎 編／山田タクヒロ 絵
元群馬大学教授

昆虫ワールド
小野正人・井上大成 編／見山博 絵
玉川大学教授　森林総合研究所研究員

音楽のカギ／空想びじゅつかん
野本由紀夫 編／辻村章宏 絵
玉川大学教授
辻村益朗 編／中武ひでみつ 絵
ブックデザイナー

植物とくらす
湯浅浩史 編／江口あけみ 絵
進化生物学研究所所長

日本の知恵をつたえる
小川直之 編／髙桑幸次 絵
國學院大學教授

地球と生命のれきし
大島光春・山下浩之 編／いたやさとし 絵
神奈川県立生命の星・地球博物館学芸員

ロボット未来の部屋
大森隆司 編／園山隆輔 絵
玉川大学教授

頭と体のスポーツ
萩裕美子 編／黒須高嶺 絵
東海大学教授

空と海と大地
目代邦康 編／小林準治 絵
日本ジオパークネットワーク事務局研究員

ことばと心
岡ノ谷一夫 編
東京大学教授